AF613900

NORDRHEIN WESTFÄLISCHE AKADEMIE DER WISSENSCHAFTEN

Nordrhein-Westfälische Akademie der Wissenschaften

Geisteswissenschaften Vorträge · G 369

Herausgegeben von der
Nordrhein-Westfälischen Akademie der Wissenschaften

ROGER GOEPPER

Aspekte des traditionellen chinesischen Kunstbegriffs

Westdeutscher Verlag

Die Deutsche Bibliothek – CIP-Einheitsaufnahme

Ein Titeldatensatz für diese Publikation ist bei Der Deutschen Bibliothek erhältlich.

Der Westdeutsche Verlag ist ein Unternehmen der Fachverlagsgruppe BertelsmannSpringer.

Gedruckt auf säurefreiem Papier.
Herstellung: Westdeutscher Verlag

ISBN 978-3-531-07369-9 ISBN 978-3-322-88135-9 (eBook)

DOI 10.1007/978-3-322-88135-9

Inhalt

Nur wenige alte Hochkulturen haben einen Begriff von Kunst hervorgebracht, nach welchem diese als schöpferische menschliche Tätigkeit angesehen wird, die sich weitgehend von einer Bindung an Religion oder Staatskult gelöst hat. Die Vorstellung vom Menschen als einer Einzelperson mit individuellen Zügen, wenn auch eingebaut in eine Gemeinschaft, spielt dabei als Voraussetzung eine Rolle. Neben der abendländischen und der indischen Kultur ist es vor allem die traditionelle chinesische gewesen, die einen solchen Kunstbegriff entwickelt hat, von dem manche Züge bei oberflächlicher Betrachtung frappierende Ähnlichkeiten mit ganz modernen westlichen Vorstellungen von Kunst aufweisen. Eine Analyse der zugrundeliegenden geistigen Voraussetzungen wird jedoch zeigen, daß solche Ähnlichkeiten aus unterschiedlichen Wurzeln abzuleiten sind.

Chinesische Termini für „Kunst"

Dies erweist sich sofort, wenn man die Termini und Schriftzeichen untersucht, mit denen der Begriff „Kunst" im Chinesischen ausgedrückt wird. An erster Stelle steht das Zeichen yi 藝, das sich bis in die Frühphase der Schriftentwicklung in China zurückverfolgen läßt[1]. Hier, im 12. Jahrhundert v. Chr., ist es das Bild eines knienden Menschen, der ein Pflänzchen in den Händen hält und im Begriff ist, es in die Erde zu setzen. Die Grundbedeutung des Zeichens ist denn auch „pflanzen", „ein Feld kultivieren". In dieser Bedeutung kommt es in überlieferten vorchristlichen Texten vor. Die Vorstellung des „Kultivierens" hat dann wohl, wie ja in unserem Wort auch, zu einer dazu nötigen „Fertigkeit", einer „Befähigung" und im weiteren Verlauf schließlich zur „Kunst" geführt. Diese Entwicklung läßt sich durch Textstellen aus den letzten Jahrhunderten vor unserer Zeitrechnung belegen. Zu solcher Sinnverschiebung hat sicherlich die Forderung nach literarischer Befähigung in der Lehre des Konfuzius beigetragen. Und Literatur wird ja später zu einer der zentralen chinesischen Kunstformen.

[1] B. Karlgren (1957): *Grammata Serica Recensa*, Bulletin of the Museum of Far Eastern Antiquities 29, Nr. 330.

Ein weiteres Schriftzeichen für „Kunst“ ist shu 術, das in vorchristlichen klassischen Texten einen „Pfad“ oder „Weg“ bezeichnet, aber bald schon die Bedeutung einer quasi „gangbaren“ Kunstfertigkeit, einer perfekt beherrschten Tätigkeit annimmt, zunächst besonders im Hinblick auf Magier und Wahrsager, die ja in der frühchinesischen Kultur eine bedeutende Rolle gespielt haben[2]. Das Zeichen setzt sich zusammen aus dem Bild für „Fußspuren“, die einen Weg andeuten, und einem phonetischen Bestandteil.

Die gleiche Vorstellung eines gangbaren Weges, der zu einem zu erreichenden Ziel führt, wird von einem weiteren Schriftzeichen ausgedrückt, das gelegentlich im Sinn von „Kunst“ gebraucht wird, allerdings vorwiegend in Japan. Es ist dies das berühmte dao 道[3], das seine Grundbedeutung von „Weg“ erweitert hat zu einem der wichtigsten Begriffe autochthoner chinesischer Philosophie und dann das allgemeine transzendente Weltprinzip meint. Die früheste belegbare Zeichenform zeigt einen Kopf, symbolisiert durch Augen und Haare, eingerahmt wiederum von dem uns schon bekannten Bild für „Fußspur“ oder „Weg“, der zu begehen ist, wobei das Symbol des Kopfes ein bewußtes Voranschreiten anzudeuten scheint.

Während die Etymologie des deutschen Wortes „Kunst“ einerseits das „Vermögen“ oder „Können“, andererseits aber „Kenntnis“ oder „Wissen“ als Grundbedeutung zutage fördert[4], führt uns die Analyse des chinesischen Zeichens zu den latent mitschwingenden Vorstellungen von „Einpflanzen und Pflegen“[5] und von „Sich vorwärts bewegen auf einem vorgezeichneten Weg“. Im Gegensatz zu der Personenbezogenheit des deutschen Begriffes scheinen die chinesischen Worte eher die Vorstellung einer von innen nach außen wirkenden Handlung auszudrücken.

Weitere Termini für „Kunst“ können im Chinesischen auch aus einer Kombination der eben genannten Zeichen miteinander oder mit anderen gebildet werden wie zum Beispiel yishu 藝術 oder die moderne Neuschöpfung meishu 美術, die wohl erst im frühen 20. Jahrhundert in Anlehnung an das englische „Fine Arts“ oder das deutsche „Schöne Künste“ kreiert worden ist.

[2] Ebda. Nr. 497; vgl. auch Needham 2, 230 (Nr. 79).
[3] Ebda., Nr. 1048; vgl. auch Needham 2, 228 (Nr. 70).
[4] J. und W. Grimm: *Deutsches Wörterbuch*, Nachdr., München 1984, 11, 2666 – 2684.
[5] Ähnliches kann man von dem lateinischen Begriff „cultura“ sagen. Den Hinweis darauf verdanke ich Dr. Ulrich Irion, Köln.

Feudale Kunstfertigkeiten und musische Künste

Wie im Deutschen bis ins 18. Jahrhundert hinein für den übergeordneten Gesamtbegriff der Kunst im allgemeinen der Plural verwendet wurde (die Künste)[6], so war auch das chinesische yi lange Zeit ein Sammelbegriff, vor allem in der Formulierung der liuyi 六藝, der „Sechs Kunstfertigkeiten"[7], deren Beherrschung als Ideal vom Adligen der Zhou-Zeit gefordert wurde. Die Erziehung eines später in die Lenkung des Staates zu integrierenden Jünglings aus adligem Geschlecht sollte zur Beherrschung folgender Kunstfertigkeiten führen: 1. Riten, d. h. Kenntnis der Regeln des Staats- und Sippenkults; 2. Musik, d. h. vor allem die strenge Kultmusik des konfuzianischen Zeremoniells; 3. Bogenschießen; 4. Wagenlenken; 5. Schreiben und 6. Rechnen. Die Pflege dieser „Künste" sollte den jungen Mann nicht nur zu einem vollgültigen Angehörigen der sozialen Elite des vorchristlichen chinesischen Feudalwesens machen, sondern auch zur „Bewahrung seines Herzens (oder Geistes)" (cunxin 存心) dienen. Der Strauß der Sechs Kunstfertigkeiten umfaßt also neben martialischen und praktischen Fertigkeiten auch solche mit künstlerisch ästhetischen Ansprüchen, nämlich Ritual und Musik, die zusammen später das Rückgrat konfuzianischer Kultpraxis ausmachen werden. Aber schon Konfuzius selbst fordert in den von seinen Schülern aufgezeichneten Gesprächen (Lunyu) vom wahren Anhänger seiner Lehre, er solle versiert sein in der Dichtung, im besonderen des klassischen Buches der Lieder (Shi Jing), er solle sich fest eingerichtet haben in den Riten und sich vervollkommnen in der Musik[8]. Die zivilisatorische Bedeutung von Tätigkeiten mit künstlerischem Anstrich wird also erkannt und als für die Persönlichkeit eines im Staatsleben aktiven Mannes für wichtig herausgekehrt.

Im 9. Jahrhundert bindet Zhang Yanyuan in seinen Berichten über berühmte Maler aus allen Dynastien (Lidai minghua ji) auch die dann schon aus den Fesseln des Handwerks emanzipierte Malerei in diesen Strauß mit ein, indem er sagt: „Die Malerei vervollkommnet die Lehren der Zivilisation und fördert die sozialen Beziehungen"[9]. Das Schreiben der anspruchsvollen, rhythmischen graphischen Gesetzen unterworfenen Schrift mit dem Haarpinsel, wie überhaupt die Literatur als Ganzes und dabei insbesondere die Dichtung als gleichfalls

[6] Ebda., 2682.

[7] Zu den Sechs Kunstfertigkeiten vgl. E. Biot: *Le Tcheou-li ou Rites des Tcheou*, Paris 1851, 1,214 und 297 – 299; auch O. Franke: *Geschichte des chines. Reiches*, Berlin – Leipzig 1930 ff. 1, 307.

[8] *Lunyu* 8,8; Legge 1, 211. Den gesamten Fragenkomplex behandelt auch Xu in seinem wichtigen Buch, 4.

[9] Acker (1954), 61; Goepper (1962), 34.

rhythmischen und musikalisch tonalen Gesetzen entsprechend geformte Sprache, und schließlich die Musik waren mindestens schon seit der Han-Dynastie in den Jahrhunderten um Christi Geburt wesentliche Aspekte der konfuzianischen Kultur.

Im Zeitraum zwischen dem späten 3. und dem frühen 6. Jahrhundert vollzog sich dann unter den sogenannten Süd-Dynastien eine ganz wesentliche Umschichtung der geistigen Akzente innerhalb der chinesischen Zivilisation. Neben den sich intern wandelnden Ideen des Konfuzianismus spielten hierbei vor allem die Mystik eines stark naturbezogenen Daoismus und schließlich die erst jetzt richtig im Denken der chinesischen Gentry Fuß fassende Metaphysik des über Zentralasien aus Indien übernommenen Buddhismus eine entscheidende Rolle. In diesem neuen geistigen Klima, das von intellektuellen Spitzfindigkeiten und spielerisch gehandhabtem Witz gekennzeichnet war, wandelten sich die alten konfuzianischen „Kunstfertigkeiten" zu in musischer Weise betriebenen Beschäftigungen einer hochgebildeten sozialen Elite, deren Angehörige entweder als Adlige oder Würdenträger im Staatsdienst standen oder in betonter Zurückgezogenheit von allen öffentlichen Verpflichtungen ganz ihren musischen Neigungen frönten, wobei sie sich auf die Pfründen ihres Familienvermögens stützen konnten. Die beiden späteren Grundtypen des chinesischen Künstlers, einerseits des beamteten Literaten, der die Künste auf keinen Fall als Beruf, sondern als anspruchsvollen Zeitvertreib pflegt, und andererseits des am Rande oder sogar außerhalb der Gesellschaft lebenden, aber von dieser durchaus akzeptierten Bohemiens, sind hier bereits angelegt. In diesem Milieu wandelten sich die alten Kunstfertigkeiten zu tatsächlich „freien" Künsten, die der Pflege und dem Ausdruck der individuellen Persönlichkeit des sie betreibenden Mannes dienten und in ganz wesentlichem Sinne in ihrer Ausübung und den dabei entstandenen Werken ein Spiegel eben dieser Persönlichkeit sein sollten. Das Gebildetsein stand im Vordergrund. Daß sich die Kunst in China nicht aus dem Handwerk entwickelt hat wie im Abendland, ist eines ihrer grundsätzlichen Charakteristiken. Aus diesem Grund fand auch die mit schwerer und schmutziger körperlicher Arbeit verbundene Bildhauerei niemals Anerkennung als Kunst, wie in gewisser Weise übrigens auch die Architektur.

Zeitlich parallel mit der Emanzipation der Kunst entstand auch deren theoretische Fundierung in Texten, deren einmal geprägte Grundgedanken über Jahrhunderte hinweg, zum Teil bis in die Gegenwart herein, kanonische Gültigkeit behielten und nur wenig Änderung erfuhren.

Im Laufe der Entwicklung bildete sich eine andere Gruppe von Künsten heraus, welche an die Stelle der liu yi trat. Die martialischen, mit körperlicher Tüchtigkeit verbundenen Fähigkeiten entfielen, ebenso das Rechnen und die den Bereich des Privaten sprengenden Riten, die ohnedies eher eine Angelegenheit der Gemeinschaft darstellten. Das bloße Schreiben mit dem Pinsel mauserte sich zur Schreibkunst, die wir meistens mit dem eigentlich irreführenden Namen „Kalligraphie“ belegen. Die konfuzianische Ritualmusik wurde durch das solistische Spielen auf der Wölbbrettzither qin 琴, dem klassischen Instrument des Gebildeten[10], oder auf der Bambusflöte ersetzt. Schon früh galt das Brettspiel, das bereits unter der Han-Dynastie kosmologische Implikationen hatte, in der besonderen Form als Umzinglungs-Schach qi 棋 (das japanische go) als eine Kunstform mit hohen geistigen Anforderungen[11]. Als letzte kam schließlich die Malerei hinzu, die bald als Schwesterkunst der Pinselschrift galt. Im Idealfall sollte der gebildete Literat alle vier Künste umfassend beherrschen, allzu starke Spezialisierung auf bloß eine von ihnen galt durchaus als Mangel.

Für Malerei und Schriftkunst stellte die Benutzung der gleichen Instrumente und Materialien bereits eine Einheit auf technischem Gebiet her, die dann auch zu einer Parallelität künstlerischer Ausdruckswerte führte. Die wird schon im 9. Jahrhundert durch Zhang Yanyuan in seinem Buch hervorgehoben[12] und später immer wieder aufgegriffen. Und bereits im frühen 6. Jahrhundert hatte Liu Xie gemeint, wer sich wirklich auf das Komponieren eines literarischen Werkes verstünde, sei mit einem guten Schachspieler zu vergleichen[13]. Für die theoretische Fundierung der einzelnen Künste scheinen jedoch vor allem jene Gedanken anregend gewirkt zu haben, mit denen die Konfuzianer schon in Jahrhunderten vor unserer Zeitrechnung Wert und Funktion ihrer Kultmusik zu definieren gesucht hatten[14].

Die Person des Künstlers

Das Herausgehobensein der Künste aus der Sphäre des banalen Alltags spiegelt sich in der besonderen Eigenart des traditionellen chinesischen Künstlers. Wer eine kreative Tätigkeit als Beruf ausübt, darf sich eigentlich nicht Künstler nen-

[10] Die Bedeutung der Wölbbrettzither im Leben des chinesischen Literaten ist vorzüglich geschildert von R. H. van Gulik (1969). Die Bedeutung des Instruments in den verschiedenen Kulturen Ost- und Südostasiens ist neuerdings eingehend behandelt von St. Addis und Mitarbeitern in dem Ausstellungskatalog der China Institute Gallery von 1999.

[11] Die kosmologischen Hintergründe des Umzinglungs-Schachs und anderer Brettspiele beschreibt Needham 4,1, 318 ff.

[12] Acker (1945), 178.

[13] *Wenxin diaolong* 9,44; Shih (1957), 231.

[14] Hierüber handelt K. de Woskin, in Bush-Murck (1983), 189.

nen. Er ist Handwerker, zum Beispiel huagong 畫工, „Malereiarbeiter", und wurde in eine niedrigere soziale Schicht eingestuft. Der wirkliche Künstler hat es nicht nötig, für seine Werke Entlöhnung zu erwarten, er ist ein Mann der Gentry oder des Adels und betreibt die Künste zu seinem Vergnügen, wie Prinz Xiangdong, der spätere Kaiser der Liang-Dynastie (regierte 552–554), der sich in Mußestunden des Freiseins von amtlichen Anhörungen, von Verwaltungsaufgaben oder literarischen Diskussionen der Malerei widmete[15]. Der klassische Beleg für diese Auffassung ist eine Stelle bei Zhang Yanyuan im 9. Jahrhundert: „Seit alten Zeiten waren die guten Maler Männer mit Roben und Amtskappen und solche von adliger Abstammung mit hohen offiziellen Rängen, oder aber außergewöhnliche Gelehrte und hochgesinnte Persönlichkeiten. Diese erregten dann das Staunen ihrer ganzen Ära und überlieferten ihre Aura für tausend Jahre. Dies ist jedoch etwas, was ein bescheidener Bauer aus dem Dorf niemals bewirken kann"[16].

Solche Männer reagierten denn auch empfindlich darauf, wenn man ihre Fähigkeiten zu mißbrauchen suchte und durch Auftragsarbeiten einen Gesichtsverlust heraufbeschwor. Exemplarisch hierfür ist die mehrfach zitierte Geschichte, wie im 7. Jahrhundert der für die Adelstitel zuständige Großsekretär im Staatsbüro namens Yan Liben, der wegen seiner Malkunst berühmt war, vom Kaiser bei einer Audienz herbeizitiert wurde, um seltene Wasservögel auf einem Teich zu skizzieren, wobei man ihn als „Malermeister" ansprach. Yan war tief verletzt und warnte seinen Sohn vor der Ausübung einer künstlerischen Tätigkeit[17].

Im Gefolge des großen sozialen Umschichtungsprozesses nach dem Zusammenbruch der Tang-Dynastie im frühen 10. Jahrhundert war es der beamtete oder der unabhängig lebende Gelehrte (shidafu 士大夫) und später einfach der Literat (wenren 文人), der sich der Pflege der Künste widmete und sie im Sinne der Entwicklung und des Ausdrucks seiner Persönlichkeit nutzte. Auf diesem Gebiet war er Amateur (lijia 戾家 oder lifu 戾夫)[18], der aber das Wesentliche der Künste besser zum Ausdruck zu bringen wußte als der Berufskünstler. Im klassischen Buch der Zither (琴經) heißt es: „Alle, die das Zitherspiel studieren, müssen gebildete Gelehrte sein und sie müssen sich gut aufs Rezitieren von Dichtung verstehen. Ihre Erscheinung sollte rein und außergewöhnlich sein und altehrwürdige Originalität suggerieren; auf keinen Fall dürfen sie grob oder vul-

15 Bush-Shih (1985), 43.

16 Acker (1954), 153

17 Acker (1954), 214. Sie auch O. Sirén: *Chinese Painting*, London – New York (1956), 1,97.

18 Den Terminus benutzt Zhao Mengfu zur Charakterisierung des Literatenmalers. Vgl. Sir Percival David: *Chinese Comnoisseurship. The Ko Ku Yao Lun*, London (1971), 16.

gär sein... Ihre Worte seien wahr und zuverlässig, und sie sollten nicht nach oberflächlicher Schönheit streben oder nach einer dünnen Tünche von Kultiviertheit"[19]. In der Theorie war es Schauspielern, Kurtisanen oder Singmädchen, die den untersten sozialen Schichten angehörten, sogar verboten, das edle Instrument der qin auch nur zu berühren.

Der künstlerische Schaffensprozeß und die Beherrschung der Techniken

Es gehört zu den charakteristischen Merkmalen der Künste des chinesischen Literaten, daß er sie mit Anspruch auf Rang und Erfolg nur ausüben kann, wenn er die zum Teil recht schwierigen Techniken der Ausführung geradezu schlafwandlerisch sicher beherrscht. Das typisch abendländische Ringen des Künstlers mit Technik oder Komposition ist dem Chinesen fremd. Erst wenn er die erlernten Regeln souverän handhaben kann, wenn er die Tradition oder sogar mehrere Traditionslinien in sich aufgenommen hat, vermag er sich angemessen in den Künsten auszudrücken. Dies gilt für das Zitherspiel mit seiner schwierigen Fingertechnik und das Dichten mit seinen komplexen Reim-, Medodie- und Strukturregeln ebenso wie für die Malerei mit ihren mannigfaltigen Stilformen und die Schreibkunst mit der nur nach jahrelanger Übung zu meisternden Pinseltechnik. Bei der Ausübung seiner Kunst stellt sich der chinesische Künstler außerhalb der Alltagsrealität. Der Schaffensprozeß und die Vorbereitung und Einstimmung dazu nehmen die Züge eines ästhetischen Rituals an, das für alle Kunstformen in ähnlicher Weise abläuft. Schon in der berühmten und für die Entwicklung der späteren Literaturtheorie Maßstäbe setzenden, um 300 verfaßten Reimprosa über die Literatur (Wen Fu 文賦) des Lu Ji wird als Voraussetzung zum Dichten gefordert: „Man mache seinen Geist vollkommen leer und rein, um seine Gedanken zu konzentrieren; man sammle alle seine Vorstellungen, um sie dann in Worte zu bringen"[20]. Und zweihundert Jahre später, im 6. Jahrhundert, sagt Liu Xie in seinem nicht minder wichtigen Buch „Der Geist der Literatur und das Schnitzen von Drachen" (Wenxin diaolong 文心雕龍): „Um literarische Gedanken zu entwickeln, ist es wichtig, leer und still zu sein. Hierzu aber muß man seine fünf Eingeweide (d. h. die ganze Person) sauber halten und seinen Geist reinigen"[21].

[19] Zitiert nach Van Gulik, 70.
[20] Fang, 9.
[21] *Wenxin diaolong* 6, 26; Shih, 155.

Um die nötige Ungestörtheit zu erreichen, errichtete etwa zur gleichen Zeit ein Maler namens Gu Junzhi einen turmartigen Bau als Atelier, in welchen er bei schönem Wetter hinaufstieg, die Leiter einzog und dann dort malte, unbehelligt von Frau und Kindern[22]. Gao Keming, ein Künstler der Mitte des 11. Jahrhunderts, wanderte in der Wildnis umher, setzte sich nieder und kontemplierte einen ganzen Tag lang die Landschaft, eher er sich zuhause in ein ruhiges Zimmer zurückzog und, aller Sorgen ledig, „seinen Geist in Bereichen jenseits der materiellen Dinge wandern ließ." Erst dann griff er zum Pinsel und malte[23].

Die Beherrschung der Technik und solche meditative Grundhaltung machten es möglich, daß der Künstler die Konzeption in seinem Werk zu weitgehender Vollkommenheit reifen lassen konnte, ehe er mit der Arbeit begann. Der Topos hierfür ist das vielzitierte Wort: „Die Konzeption ist schon vor dem Pinselstrich fertig vorhanden" (yi zai bi xian 意在筆先). Der Satz wurde ursprünglich für die Schreibkunst formuliert, im 9. Jahrhundert aber schon auf die Malerei übertragen[24]. Auch im Hinblick auf die Literatur hatte Liu Xie schon um 500 n. Chr. gemeint, die schöpferische Kraft im Schreiber habe sich vor dem Niederschreiben der Worte verdoppelt (qi bei ci qian 氣倍辭前)[25]. Erst nach solcher sicherlich mit Gedanken des Daoismus in Zusammenhang stehender fast mystischer Einstimmung und Vorbereitung ist es möglich, daß beim Künstler Geist und Hand in völliger Übereinstimmung sind (xin shou xiang ying 心手相應), dies übrigens gleichfalls ein vielzitierter Topos der klassischen chinesischen Kunsttheorie.

Paradigmatisch hat Guo Si geschildert, wie sich sein Vater, der berühmte Guo Xi, zum Malen vorbereitete: „An einem Tag, an dem er sich zum Malen anschickte, pflegte er sich an ein helles Fenster zu setzen, seinen Tisch in Ordnung zu bringen, Weihrauch links und rechts abzubrennen, sowie gute Pinsel und hervorragende Tusche neben sich zu legen. Danach wusch er sich die Hände und spülte den Tuschreibstein, als ob er einen wichtigen Gast empfangen wollte, und beruhigte dabei seinen Geist und sammelte seine Gedanken"[26]. Andere Maler schilderten diese Vorbereitungsphase ganz ähnlich, und auch der Zitherspieler stimmte sich in solcher Weise auf sein Spiel ein[27].

Danach lief der eigentliche Schaffensprozeß spontan und ungehindert ab. Ein Bambusmaler des 14. Jahrhunderts bemerkt hierzu: „Wenn ich zu malen beginne,

[22] Die Geschichte wird erzählt im *Lidai mingha ji*; Acker (1954), 12 und (1974), 143.
[23] Bush-Shih, 120.
[24] Zum Beispiel im *Lidai minghua ji*; Acker (1954), 176 und 181.
[25] *Wenxin diaolong* 6,26; Shih, 155.
[26] Sakanishi (1936), 35; Goepper (1962), 28.
[27] Vgl. Van Gulik, 50.

bin ich mir meiner selbst nicht bewußt und plötzlich vergesse ich den Pinsel in meiner Hand"[28]. Und ein anderer Maler des 10. Jahrhunderts hatte gemeint: „Erst wenn du soweit gekommen bist, daß du die technischen Probleme von Pinsel und Tusche vergißt, gelingt dir die richtige Landschaftsmalerei"[29]. Noch einmal muß aber betont werden, daß solches Transzendieren der Technik nur dann möglich ist, wenn man sie vollkommen beherrscht.

Um den freien Fluß der Kreativität gelingen zu lassen, gibt es für den chinesischen Künstler aber noch einfachere Mittel als meditative Einstimmung. Im 3. Jahrhundert benutzten die Literaten offensichtlich ein aus fünf Mineralien gemischtes Pulver (wushisan 五石散), das sie mit gewärmtem Wein oder kalten Speisen zu sich nahmen und durch Herumlaufen im Körper zu voller quasinarkotischer Wirkung brachten[30]. Diese Technik zur Steigerung poetischer Visionen hängt eng mit dem damals weit verbreiteten Alchimistenwesen des Daoismus zusammen.

In späteren Zeiten nahmen die Künstler meistens ihre Zuflucht zum Wein, um ihre kreative Stimmung zu stimulieren. Beredtes Zeugnis hiervon legt ein berühmtes Gedicht des tang-zeitlichen Poeten Du Fu ab, das „Lied von den Acht Unsterblichen im Trunk"[31], wo es von dem Kalligraphen Zhang Xu heißt: „Nach drei Bechern Wein verwandelte er sich in einen Heiligen der Konzeptschrift (caoshu 草書). Er legte die Mütze ab und entblößte sein Haupt, selbst in Gegenwart von Prinzen und Adligen. Und wenn er dann den Pinsel schwang und aufs Papier setzte, so war dies wie Wolken und Nebel". Wenig später, im 8. Jahrhundert, schreibt ein Freund über den buddhistischen Mönch Huaisu, er tränke gerne in den Häusern von Vornehmen und gerate erst nach hundert Bechern Wein in schöpferisches Delirium: „Dann stößt er einen lauten Schrei aus, steht auf und entblößt seinen Arm; er schwingt den Pinsel und plötzlich stehen Tausende von Zeichen da". Auch der berühmte Maler Wu Daozi provozierte seine vitale Schaffenskraft (qi 氣) durch Alkohol und malte dann besonders flüssig. Ein anderer ging in seiner exzentrischen Malweise sogar so weit, daß er im Rausch seine langen Haare in die Tusche tauchte und damit Landschaftsbilder an die Wände spritzte. In ähnlicher Weise nahm im 11. Jahrhundert ein Mönch namens Zeren, nachdem er sich auf dem Marktplatz betrunken hatte, das Wischtuch vom Tisch und rieb damit Tusche auf die frisch getünchte Wand der Schänke.

[28] Dies sagt der Yuan-Maler Wu Zhen; zitiert bei Bush-Shih, 279.

[29] Jing Hao in seinem *Bifa Ji*, zitiert bei Bush-Shih, 148.

[30] Die Praktiken beschreibt Mather (1976), 20 und 36.

[31] Enthalten in der Sammlung *Du Gongbu shi*, juan 10, Ausgabe des SPTK, Heft 5, 23a - 27a. Hierzu und zum Folgenden vgl. Goepper (1972), 36 ff.

Am nächsten Tag kehrte er ausgenüchtert zurück und vollendete mit ein paar Pinselstrichen sein Werk zu einem Bild von wild wachsenden Ästen und verdorrten Wurzeln. Die Wertschätzung solchen Tuns läßt sich aus dem Schlußsatz der Geschichte herauslesen: „Alle Maler brachten seinen inspirierten Pinselstrichen Verehrung entgegen“[32].

Spontane Natürlichkeit

In solchem extrem bohemienhaftem Gebahren wird in übersteigerter Weise eine zentrale Forderung an alle chinesischen Künste und deren Ausübung verwirklicht: Spontaneität oder Natürlichkeit (ziran 自然). Das Wort heißt eigentlich „von selbst“ und wird heute meistens im Sinne von „natürlich“ gebraucht, ja bedeutet in Japan einfach „die Natur“ (shizen). Seine philosophische Färbung im Sinne von „spontaner Natürlichkeit“ oder „natürlicher Spontaneität“ erhielt der Begriff im geistigen Milieu des Daoismus. In der ersten Hälfte des 3. Jahrhunderts schreibt ein Kommentator des Daode Jing, des Klassikers dieser stark philosophischen Religionsform: „Himmel und Erde stimmen völlig mit spontaner Natürlichkeit überein, ohne aktiv und ohne schöpferisch zu sein. Alle Dinge bringen sich gegenseitig ganz von selbst in geregelte Ordnung ... Spontane Natürlichkeit ist ein Wort ohne Qualifikationen und ein Begriff von unbegrenzter Anwendbarkeit“[33].

Die Forderung nach selbstverständlicher und souveräner Natürlichkeit spielt im kultivierten Leben der südchinesischen Gentry des späten 3. bis 6. Jahrhunderts eine ganz entscheidende Rolle, und gerade die sich eben etablierenden musischen Künste galten als eines der am besten geeigneten Hilfsmittel, um sie zu verwirklichen. Man lebte zwar in äußerlicher Konformität mit den von der Gesellschaft diktierten Regeln und Gesetzen, strebte aber zugleich nach absoluter geistiger Spontaneität und Ungezwungenheit. Yu Ai, einer der Acht Freigeister (ba da 八達) der Zeit um 300 n. Chr., der sich selbst als einen wahrhaft realisierten Menschen (zhenren 真人) empfand, beschrieb seinen geistigen Zustand folgendermaßen: „Indem ich die zehntausend Charakteristika (der Außenwelt) in mystischer Kontemplation verschmelze, bin ich in tiefem Vergessen eins mit spontaner Natürlichkeit“[34]. Der ein halbes Jahrhundert ältere Xi Kang, ein berühmter Dichter und Musiker, der zur Gruppe der Sieben Weisen im Bambushain gehörte, wird mit folgenden Worten charakterisiert: Er behandele seine körper-

[32] *Tuhua jianwen zhi*, Übersetzung von Soper (1951), 61.
[33] Wang Bi (226 – 249); zitiert bei Mather, XXIII.
[34] Ebda., XX.

liche Erscheinung wie Erde oder Holz und lege niemals Schmuck oder Glanz auf. Dennoch habe er den Reiz eines Drachens und die Schönheit eines Phönix, jedoch verbunden mit Einfachheit und natürlicher Spontaneität (ziran). So wie er war, erkannte man ihn inmitten einer Schar anderer Personen unmittelbar als einen Mann von außergewöhnlichen Fähigkeiten[35].

In der sich damals formierenden Kunsttheorie wurde solche Natürlichkeit von der Person des Künstlers auch auf sein Werk als deren Niederschlag übertragen. Bereits einem hohen Beamten und Schreibkünstler der Han-Zeit, Cai Yong, wird folgende Äußerung zugeschrieben: „Die Schreibkunst hat ihren Ursprung in natürlicher Spontaneität. Wenn diese erst einmal feststeht, dann formieren sich in ihr (die beiden kosmischen Urkräfte) Yin und Yang. Und wenn diese entstanden sind, dann treten Form (xing 形) und Ausdruckkraft (shi 勢) hervor“[36].

In einer von Zhang Yanyuan im 9. Jahrhundert aufgestellten Werteskala der Malkunst erscheint das ziran an oberster Stelle[37]. Erst darunter rangieren Inspiriertheit (shen 神), wunderbare Schönheit (miao 妙), Subtilität (jing 精) und schließlich ganz unten Sorgfalt (qin 謹) und Detailliertheit (xi 細).

Immer wieder taucht der Begriff der souveränen Spontaneität als essentieller Wert in der chinesischen Malkunsttheorie auf. Auf die Frage, was denn Lebendigkeit (shengyi 生意) in der Malerei bedeute, antwortet im frühen 12. Jahrhundert Zhong You: „Das was man spontane Natürlichkeit nennt“, von welcher er dann weiterhin sagt, sie sei nicht verschieden vom Wahren und Echten (zhen 真)[38]. Ja, selbst noch ein Eklektizist und Manierist wie der mandschurische Hofmaler Tangdai widmet in seinem 1717 verfaßten Traktat ein ganzes Kapitel der Natürlichkeit, worin er unter anderem sagt: „Wenn die spontane Natürlichkeit von Pinsel- und Tuschtechnik harmonisch übereinstimmt mit derjenigen von Himmel und Erde, dann darf man eine davon durchsetzte Malerei als von einzigartiger Höhe preisen“[39].

Die Bedeutung von ziran in der Musiktheorie geht aus dem kurzen, aber prägnanten Satz eines Zitherspielers aus dem frühen 14. Jahrhundert hervor: „Beim Hervorbringen von Tönen sollte man nach Leichtigkeit (dan 淡) streben, aber zugleich auch nach natürlicher Spontaneität“[40].

[35] Ebda.
[36] *Peiwenzhai shuhua pu*, 3, 1a; zitiert von Hay in Bush-Murck, 94.
[37] *Lidai minghua ji*; Acker (1954), 186.
[38] Bush-Shih, 215.
[39] Goepper (1956), 129.
[40] Wu Chen (1249 – 1331); zitiert bei Van Gulik, 74.

Kunst als musisches Spiel

Wenn jemand völlig zu Hause ist in allen technischen und geistigen Bereichen einer Kunst, wenn er die Regeln der Ausführung beherrscht, ihm die Themen vertraut sind und er seine Konzeptionen schon fertig im Kopf hat, wenn natürliche Spontaneität sein Inneres durchtränkt, dann ist der Schritt nicht weit zu einer geradezu spielerischen Ausübung der Kunst. Tatsächlich kann man einen gewissen Spielcharakter in manchen Aspekten der chinesischen geistigen Kultur gerade in jener Periode nicht übersehen, die für die Genesis der traditionellen Kunstauffassung prägend gewesen ist, nämlich in jenen drei bis vier Jahrhunderten zwischen dem Zusammenbruch des mächtigen Han-Reiches und der Neuformung eines umfassenden imperialen Staatswesens unter den Sui- und Tang-Dynastien, also zwischen dem 3. und 6. Jahrhundert[41]. Damals pflegte die hochgebildete Gentry der Süd-Dynastien das intellektuelle Spiel der Reinen Konversation (qingtan 清談), das mit der Themenstellung durch eine vom Gastgeber aufgeworfene These begann, die dann vom Gast mit einer Gegenthese attakiert und schließlich in einer Klarstellung zur Synthese oder Lösung gebracht wurde. Innerhalb dieses geregelten Grundschemas mußten Witz und Bildung der Teilnehmer in souveräner Weise gegeneinander ausgespielt werden, in der Art eines äußerst hochgestochenen intellektuellen Wettkampfes. Zwar nahm man die Argumentationen ernst, wie man eben die Regeln eines Spieles ernst nimmt, entscheidend war aber das geistige Vergnügen, das man bei solcher Unterhaltung empfand.

Auch das Ausüben einer künstlerischen Tätigkeit sollte vor allem Freude und Befriedigung vermitteln. Schon der bereits zitierte Lu Ji sagt in seiner um 300 verfaßten Reimprosa zur Literatur kurz und bündig: „Diese Beschäftigung (nämlich das Dichten) soll Freude (le 樂) vermitteln; sicherlich wird sie deshalb auch von weisen und ehrenwerten Männern so sehr geschätzt“[42]. Und wenig später schreibt der Dichter Zhang Han: „Ein Mann sollte in seinem Leben nur das hochhalten, was seinen Neigungen entspricht, und nichts anderes. Warum sollte er sich tausend Meilen von seinem Heim entfernt an den Dienst auf einem offiziellen Posten fesseln lassen und dabei Ruhm und sozialen Rang im Sinn haben?“[43].

Im 9. Jahrhundert meint Zhang Yanyuan: „Auch in der Malerei reichen meine Werke keineswegs an meine Vorstellungen heran. Aber ich übe sie ja auch nur

[41] Zum ganzen Komplex vgl. die herorragende Einleitung zum Buch von Mather, XIII – XXX. Vom gleichen Autor auch der Aufsatz zum *Shishuo Xinyu* in JAOS 84, 349 – 354.

[42] Fang, 10.

[43] Mather (1976), 201.

zu meinem Vergnügen aus. Ist dies jedoch nicht klüger als all dieser brennende Ehrgeiz und diese endlosen Mühen, wenn in der Brust Ruhm und Profit miteinander ringen?"[44].

Selbst der Erzkonfuzianer Zhu Xi in der Song-Zeit wertet ein Bild des Dichters Su Dongpo als das Ergebnis einer momentanen humorvollen Eingebung und den Ausfluß spielerischen Witzes, wobei der Künstler anfangs keine bestimmte Absicht verfolgte habe[45]. Und Ouyang Xiu, ein Angehöriger der Song-Gentry im 11. Jahrhundert, betont für das Spiel auf der qin: „Es ist nicht wichtig, daß man auf der Zither viele Melodien beherrscht; man muß lernen, beim Spielen eigene Befriedigung zu finden"[46].

Damit sich Befriedigung einstellen kann, ist es wesentlich, daß man nicht mit festen Erwartungen an eine Beschäftigung herangeht. Der von den Song-Literaten in diesem Zusammenhang gerne benutzte Terminus ist „seine Gedanken (gleichsam absichtslos) verweilen lassen" (yuyi 寓意) bei einer Sache[47]. Hierzu bemerkt der eben genannte Su Dongpo: „Ein Herr sollte seine Gedanken (nur vorübergehend) bei den Dingen verweilen lassen und sie nicht fest darauf konzentrieren. Wenn er sie lediglich dabei verweilen läßt, genügen selbst unbedeutende Dinge, um Freude zu vermitteln, und sogar außergewöhnliche Schönheiten vermögen keine Obsessionen hervorzurufen"[48].

Gerade bei Literaten und Künstlern in der Zeit und Umgebung des Su Dongpo wurde dann jener Begriff geprägt, in welchem die Auffassung von Kunst als einem ästhetischen Spiel kulminiert[49]. Es sind dies die Termini „Spielen mit Tusche" (ximo 戲墨) oder „mit dem Pinsel" (戲筆), und die Charakterisierung des auf diese Weise entstandenen Kunstwerkes als „Tuschespiel" (墨戲). Um 1100 sagt der vielseitige Künstler und Kritiker Mi Fu von der Schreibkunst: „Es muß alles nur ein einziges Spiel sein, dann braucht man nicht zu fragen nach technischer Unbeholfenheit oder Geschicklichkeit. Wenn meine Vorstellungen befriedigt sind, bin ich auch selbst zufrieden; dann lasse ich den Pinsel los und das ganze Spiel ist vorbei"[50]. Ganz besonders war es die in Technik und graphischer Auffassung dem Schreiben so sehr verwandte Bambusmalerei, mit welcher die Vorstellung des Tuschespiels verbunden wurde. Wu Zhen, einer der Meister in diesem Metier, äußerte sich denn auch mehrfach über die besonders spontan

[44] Acker (1954), 213; Goepper (1962), 15.
[45] Cahill (1966), 139.
[46] Zitiert bei Van Gulik, 20.
[47] Diesen gesamten Fragenkomplex behandelt der ausgezeichnete Aufsatz von Cahill (1966).
[48] Bush-Shih, 233.
[49] Das Tuschespiel und seine geistigen Hintergründe behandelt Teng (1932).
[50] Zitiert bei Bush-Shih, 219.

wirkende Wiedergabe des Bambus: „Das wahre Wesen des Bambuszeichnens liegt von Anfang an im Tuschespiel“[51]. Oder: „Die Tätigkeit des Tuschespiels übt der Literat außerhalb seiner offiziellen und literarischen Beschäftigung aus. Sie ist das Ergebnis einer momentanen Stimmung oder Inspiration“[52]. Es bedarf keiner besonderen Betonung, daß es bei solcher Kunstausübung weniger um exakte Wiedergabe des Naturgegenstandes oder Motivs ging als vielmehr um die Expression des seelischen Zustandes des Künstlers im Moment des Vollzugs.

Kunst als Spiegel der Persönlichkeit und als Ausdrucksmedium

Immer wieder betonen die chinesischen Texte, die Ausübung der Kunst sei ein überaus geeignetes Mittel zur Pflege und Entwicklung der Persönlichkeit[53]. Die Termini hierfür sind „Pflege des Herzens oder Geistes“ (yangxin 養心), „Pflege der Lebenskraft“ (yangqi 養氣) oder ähnliche Formulierungen. In verloren gegangenen Texten über das Zitherspiel aus der Zeit um Christi Geburt müssen solche Begriffe bereits eine Rolle gespielt haben, wobei auch die meditative Regulierung des Atems, wie in den daoistischen Praktiken zur Lebensverlängerung, beim Zitherspiel wichtig gewesen zu sein scheint[54]. Ähnliches ließe sich auch für die übrigen Kunstformen des Literatentums durch Textbelege demonstrieren.

So wie auf der einen Seite das Betreiben einer künstlerischen Tätigkeit sich in der Entwicklung eines Menschen niederschlägt, so läßt sich auf der anderen Seite aus der Art ihrer Ausübung und besonders aus den Werken als deren Ergebnis sowohl der Charakter des Künstlers als auch seine Stimmung zum Zeitpunkt der Ausführung ablesen. Schon um 300 sagt Lu Ji in seiner Reimprosa über die Literatur: „Jedes Mal, wenn ich das Werk eines begabten Literaten sehe, kann ich es wagen zu behaupten, daß ich erfaßt habe, wie sein Geist arbeitet“[55]. Und mehr als tausend Jahre später schreibt der Zitherspieler Leng Qian: „Die Qualität einer Musik hängt von der Persönlichkeit des Spielers ab; ihre Tiefe ist im Inneren des Menschen begründet... Was er im Herzen (Geist) erfaßt hat, dem folgt seine spielende Hand. Wenn man seine Musik hört, vermag man seine Persönlichkeit zu fassen“[56].

[51] Ebda., 279.
[52] Zitiert bei Yu Jianhua: *Zhongguo huihua shi* (*Geschichte der chines. Malerei*), 3. Aufl., Shanghai (1958), 2,23; auch Goepper (1962), 16.
[53] Behandelt bei Xu, 132 ff.
[54] Behandelt bei Van Gulik, 43 - 47.
[55] Fang, 6.
[56] Van Gulik, 112.

Ein häufig wiederholter Topos ist, die Kunstwerke glichen Siegelabdrücken des Geistes oder Herzens. Der bekannteste Beleg dafür findet sich in dem von Guo Roxu um 1080 geschriebenen Buch „Erfahrungen auf dem Gebiet der Malerei" (Tuhua jianwen zhi). Er vergleicht die Beurteilung von Bildern mit derjenigen von handschriftlichen Namenssignaturen, die er „Siegelabdrücke des Herzens" (xinyin 心印) nennt, da sie im Quellgrund des Herzens verwurzelt seien und von dort aus in der Imagination ihre formalen Spuren (xingji 形跡) entstehen ließen. „Solche Spuren, die in harmonischer Übereinstimmung mit dem Herzen sind, sollte man Siegelabdrücke nennen. Und dies gilt auch für die zehntausend Arten, in denen man, entsprechend solcher Übereinstimmung mit dem Herzen, seine Gedanken zum Ausdruck kommen läßt. Malerei und Schreibkunst, die aus Emotion und Denken hervorbrechen und direkt auf Seide oder Papier ihren Niederschlag finden, was sind sie anderes als solche Siegelabdrücke?"[57]

In den ganz allgemeinen chinesischen Sprachgebrauch übergegangen ist die Bezeichnung eines Werkes der Malerei oder der Schriftkunst als „Spur" (ji 跡). Wie dies zu verstehen ist, mag das Zitat eines Schrifttheoretikers des frühen 14. Jahrhunderts verdeutlichen: „Was die Schriftkunst angeht, so ist sie eine Spur des Herzens. Deshalb besitzt man sie im Inneren und läßt sie nach außen Gestalt annehmen. Man erfaßt sie mit dem Herzen und dann respondiert die Hand"[58].

Schon als die Chinesen anfingen, sich Gedanken über die Kunst zu machen, erkannten sie, daß sie im Herzen des Menschen ihren Ursprung hätte, wobei der Begriff „Herz" (xin 心) in seiner Bedeutung schillert zwischen Geist, allgemeinem Seelengrund oder Zentrum der Persönlichkeit. Der etwa um 500 n. Chr. kompilierte, aber in seinem Material teilweise bis ins 5. Jahrhundert v. Chr. zurückgehende Bericht über die Riten (Li Ji) enthät einen für unsere Belange sehr wichtigen Abschnitt über die Musik, in welchem es heißt: „Die Musik (entsteht) aus Regungen des Herzens; und die Töne, sie sind die Gestaltwerdung der Musik. Elegante Färbung und Rhythmen sind die Ausschmückung der Töne. Der hochstehende Mensch (junzi 君子) setzt seinen Wesensgrund in Schwingungen, verleiht der Musik geformte Gestalt und bringt erst danach die Ausschmückungen an"[59]. Ähnliches wird in der spätestens etwa zur Zeitenwende entstandenen Großen Vorrede (Daxu) zum klassischen Buch der Lieder gesagt: „Dichtung ist das, worauf die Absicht ausgeht. Im Herzen (oder Geist) bildet sich nämlich eine Absicht, die dann heraustritt in Worten und zur Dichtung

[57] Soper (1951), 15.

[58] Sheng Ximing in seinem 1331 verfaßten *Fashu kao*, zitiert bei Zhu Jianxin: *Sun Guoting Shupu jiangzheng* (*Kommentar zum Shupu des Sun Guoting*), Shanghai (1963), 91.

[59] Zitiert bei Van Gulik, 25.

wird. Die Emotionen regen sich im Inneren und nehmen Gestalt an in Worten"[60]. In den im Jahre 5 n. Chr. verfaßten Worten strenger Ermahnung (Fang yan) des Yang Xiong wird gesagt: „Gesprochene Worte sind die Töne des Geistes und geschriebene Worte sind seine Bilder. Wenn Worte und Bilder Gestalt annehmen, zeigt es sich, ob man es mit einem hochstehenden Geist oder mit einem gemeinen Mann zu tun hat"[61].

Die gleichen Vorstellungen gelten auch für das Schreiben mit dem Pinsel und für die Malerei. So sagt in der Tang-Zeit der Maler Zhang Zao zu einem Kollegen: „Nach außen nehme ich die Schöpfung der Natur zum Lehrmeister, im Inneren aber fasse ich nach dem Quellgrund meines Herzens"[62]. Und der song-zeitliche Figurenmaler Li Gonglin meint: „Ich mache meine Bilder wie ein Poet seine Gedichte komponiert, indem ich einfach meine Gefühle hinaussinge und mein Wesen zum Ausdruck bringe"[63]. Auch in späteren Texten wird immer wieder betont, daß der Künstler sich zwar durch den Reiz äußerer Formen und Dinge anregen läßt, daß die Qualität seines Werkes jedoch ausschließlich vom Rang seiner Persönlichkeit und darüber hinaus von der Qualität seiner Gestimmtheit abhinge.

Die Ausdruckswerte

Eine Untersuchung der Terminologie, mit welcher chinesische Kritiker sowohl die Qualität eines Kunstwerks als auch den Rang der Künstlerpersönlichkeit beschreibend zu definieren suchen, wäre eine eigene Studie wert. Man griff dabei zurück auf jene Terminologie, die sich für die Persönlichkeitsanalyse von Anwärtern auf ein Amt bei Staatsprüfungen bewährt hatte. Wie ein roter Faden zieht sich solche Charakterbewertung durch die Werke der Kunstkritik vom 3. Jahrhundert an, wobei sich bildhaft beschreibende Topoi eingebürgert haben. Die Neuen Berichte über Geschichten aus aller Welt (Shishuo xinyu), die Liu Yiqing in der ersten Hälfte des 5. Jahrhunderts zusammengetragen hat, sind eine wahre Fundgrube auf diesem Gebiet[64]. Literaten und Männer der Gentry werden dort charakterisiert als „durchsichtig leuchtend, als hätte er Sonne und Mond in seiner Brust", „rauschend wie der Wind in den Kiefern", „weit und

[60] Yu, in Bush-Murck, 27; auch Wong (1983), 1.
[61] Wixted, in Bush-Murck, 255.
[62] Zitat im *Lidai minghua ji*; Acker (1974), 283; übernommen vom *Tuhua jianwen zhi*; Soper 81.
[63] Bush-Shih, 204.
[64] Mather (1976), passim.

geräumig wie ein Saal mit hundert Interkolumnien", „unerklimmbar wie eine steile Felswand". Ähnlich bildhafte Ausdruckswerte werden dann auch für bestimmte Schrifttypen, deren stilistische Variationen, für den quasi graphologisch gewerteten individuellen Ausdruck von Pinselschriften einzelner Meister, ja sogar für spezifische Pinselstriche innerhalb eines Zeichens geprägt. Solche Charakterisierungen von Schriften lauten: „wie eine herabhängende Nadel", „wie fallender Tau", „wie Wildgänse im Flug", „wie Schlangen in wilder Flucht", „schwer wie zusammengeballte Wolken", „leicht wie Zikadenflügel" usw.[65].

Daneben bildet sich aber schon früh ein deskriptives Vokabular heraus, das, scheinbar ganz im Sinne von Ludwig Klages, den bei der Betrachtung unmittelbar ins Augen springenden „anschaulichen Charakter" eines Kunstwerkes, sei es nun ein Gemälde oder eine Handschrift, umreißt. Solche Werke, wie übrigens auch poetische Erzeugnisse, können „harmonisch" (he 和, zhonghe 中和) sein oder „elegant" (ya 雅), sie können „das Auge erfreuen" (yuemu 悦目), dabei aber „vulgär" (su 俗) sein, „ruhig und still" oder „bewegt und kraftvoll" und vieles andere mehr.

Einen ganz anderen Stellenwert als in der europäischen Ästhetik nimmt in China in diesem Zusammenhang das Schöne ein. Zwar wird es in mehreren qualitativ leicht unterschiedlichen Schattierungen vor allem in der Frühphase chinesischer Kunstkritik als Wert genannt und gepriesen, es hat aber niemals die gleiche herausragende Rolle gespielt wie im Abendland.

Schon Laozi hatte doziert: „Überall in der Welt wird das Schöne als schön anerkannt, und damit ist auch das Häßliche gesetzt"[66]. Auch wird in konfuzianischen Texten gelegentlich das Schöne (mei 美) mit dem Guten (shan 善) identifiziert, besonders in der Musiktheorie, aber andererseits warnt Konfuzius auch: „Ich habe noch keinen gesehen, der die Tugend (de 德) genau so geliebt hätte wie sinnliche Schönheit"[67].

In der frühen chinesischen Literaturtheorie der Süd-Dynastien zwischen dem 3. und 6. Jahrhundert tauchen immer wieder Begriffe für das Schöne auf, wobei die Schriftzeichen meistens mit dem sinnangebenden Bestandteil „Frau" 女 gebildet sind. In der Vorstellung vom Schönen schwingt also in China meistens die Konnotation des Femininen mit. Dies aber gewinnt in einer weitgehend von Männern bestimmten Gesellschaft den Beigeschmack des Negativen, da eine äußerliche, mit künstlichen Hilfsmitteln gesteigerte Schönheit leicht den Mangel an innerer Substanz zu verdecken tendiert. Charakteristisch hierfür ist die Verla-

[65] Zur Charakterisierung von Schrifttypen vgl. Goepper (1974), 109 ff.
[66] *Daode Jing*, 2; vgl. hierzu und zum Folgenden Xu, 14 ff.
[67] *Lunyu* 9, 16 – 17; Legge, 1, 122.

gerung der Wertschätzung, die einige Kalligraphen im Verlauf der Ästhetikgeschichte in China erfahren mußten. Wang Xizhi und noch mehr sein Sohn Wang Xianzhi aus dem 4. Jahrhundert wurden schon zu Lebzeiten wegen der Eleganz und Schönheit ihrer Pinselschrift als Künstler von unerreichbarer Qualität gepriesen[68]. Aber gerade die „graziöse Schönheit“ (xiumei 秀美) und die „feminine Eleganz“ (yan 艷) ihrer Schriftzeichen und ihres Duktus wurden von puristischen Konfuzianern der Tang-Zeit, z. B. von Han Yu, eben dieser Schönheit wegen als vulgär (su 俗) abgetan.

Den Gegenpol zur Schönheit bildet nach chinesischer Einschätzung einerseits gehaltvolle Männlichkeit, andererseits aber auch eine Verdünnung des betont herausgestellten Formal-Gefälligen, ja geradezu seine Unterdrückung oder Eliminierung. Schon Konfuzius soll die berühmten „Drei Nichtse“ (sanwu 三無) gefordert haben: „Musik ohne Ton, Riten ohne formalen Aufwand, Trauer ohne entsprechende Kleidung“[69]. Und ein Kommentar zum Buch der Riten präzisiert: „Musik ohne Ton, das ist die letzte Steigerung der Harmonie“, denn dann gibt es keinen Widerspruch zwischen Lebenskraft und Wille, sondern sie erreicht Vollkommenheit[70]. Man braucht also nicht immer auf das so oft zitierte Chan, den meditativen Buddhismus, zu rekurrieren, wenn man in der chinesischen Kunst aufs äußerste reduzierte Kunstformen antrifft, die an Mallarmés Forderung nach einem „schweigenden Gedicht aus lauter Weiß“ erinnern[71].

Stufen des künstlerischen Ranges

Das Charakterisieren und Klassifizieren von Künstlern kulminiert in deren Einordnung in ein gestuftes Rangsystem. Tatsächlich hat sich die frühe Kunsttheorie Chinas auch im Zusammenhang mit eben jenem Bemühen formiert, die Künstlerpersönlichkeiten in eine Werteskala einzuordnen.

Ausgangspunkt für diese Bestrebungen war die altchinesische Tradition, Staatsdiener in neun Ränge einzustufen, nämlich drei Hauptränge, einen oberen, mittleren und unteren, die jeweils wiederum in drei Unterränge gegliedert waren. Das System, das dem typisch chinesischen Katalogisierungsbestreben entsprach,

[68] Zum Wandel der Wertschätzung der Schriftkünstler Wang Xizhi und Wang Xianzhi vgl. K. Kanda in *Shodô Zenshû* (*Enzyklopädie der Schriftkunst*), Tôkyô (1956), 4, 2 - 4; R. Goepper: „Wang Hsi-chih“, in: *Die Großen der Welt*, 2, Zürich (1972), 605 - 607; L. Ledderose: *Mi Fu and the Classical Tradition of Chinese Calligraphy*, Princeton (1979), 55.

[69] *Li Ji*, 29; vgl. hierzu auch Xu, 30 - 33.

[70] Kommentar des Ma Fou, zitiert von Xu, 32.

[71] *Propos sur la poésie*, Monaco (1953), 367.

war mindestens seit 220 n. Chr. voll etabliert[72]. In der Zeit um 500 hatte man dieses Ordnungsprinzip auf die verschiedenen Kunstformen übertragen und es gab eine Rangordnung der Dichter (Shipin 詩品), in welche hundertzwanzig Poeten aufgenommen worden waren, zwei ähnliche Bücher für Schreibkünstler, eines für Maler, ja sogar eines für Schachspieler. In seinem Bericht über die Klassifizierung von Malern des Altertums (Guhua pinlu) schreibt der Autor Xie He: „Die Klassifizierung der Maler geschieht nach deren jeweils hoher oder niedriger Qualität"[73], die Einordnung entsprach also einem entschiedenen Werturteil. Die drei Hauptgruppen hießen in absteigender Folge: „Gruppe der Inspirierten" (shenpin 神品), der „Hervorragenden" (miaopin 妙品) und der „Fähigen" (nengpin 能品). Nach Meinung des Zhang Yanyuan im 9. Jahrhundert war in der Entwicklung eines Künstlers unter Umständen ein Aufstieg von der mittleren in die obere Klasse möglich, aus der unteren gab es jedoch kein Emporkommen[74]. In der Tang-Zeit empfand man dieses Dreiersystem als zu eng und ungenügend, da es sich auf Künstler mit außergewöhnlichen Qualitäten nicht anwenden ließ. Deshalb schuf man noch eine vierte Stufe, eben die der „Außergewöhnlichen" (yipin 逸品), die noch über derjenigen der „Inspirierten" rangierte[75]. In sie reihte man Künstler ein, welche die orthodoxen Regeln ihres Metiers transzendierten oder gar sprengten. Während im allgemeinen die einmal getroffene Klassifizierung eines Künstlers konstant blieb, gab es doch in einigen Fällen divergierende Urteile in den verschiedenen Texten, die ein interessantes Licht auf die jeweils zeitbedingten Wertungskriterien werfen.

Das Kunstwerk als Organismus und kosmische Vorstellungen

Nachdem wir uns bisher überwiegend mit der Person des Künstlers und mit seinem Schaffensprozeß beschäftigt haben, müssen wir nun noch das Ergebnis dieses Prozesses, das Kunstwerk, auf seine wesentlichen Aspekte hin untersuchen.

In gewisser Weise wird es als ein beseelter Organismus betrachtet. In jüngster Vergangenheit erst hat man erkannt, wie stark die deskriptive und analytische Terminologie chinesischer Kunsttheorie mit derjenigen der Medizin zusammen-

72 Zum folgenden siehe Wixted, in Bush-Murck, 225 ff.

73 Vgl. die Übersetzung bei Acker (1954), 3.

74 Acker (1954), 200 - 201.

75 Die mit dem *yipin* zusammenhängenden Fragen behandelt die von J. Cahill aus dem Japanischen übersetzte Aufsatzfolge von Sh. Shimada: „Concerning the I-p'in Stile of Painting", in: *Oriental Art,* N. S. 7 (1961), 8 (1962) und 10 (1964).

hängt, ja vielleicht sogar von ihr angeregt worden ist[76]. Ein Kunstwerk hat „Knochen" (gu 骨), „Fleisch" (rou 肉), „Sehnen" (jin 筋), ja sogar „Adern" und „Puls" (mo 脈). Solche Vorstellungen sind nicht einfach allegorisch zu verstehen, sondern betreffen das ganz Spezifische des Kunstwerks. In seinem um 500 verfaßten Buch sagt Liu Xie: „Literarischer Ausdruck wird bedingt durch die ‚Knochen' (die innere Struktur), so wie ein stehender Körper aufrecht gehalten wird von seinem Skelett ... Wenn der Ausdruck nach den richtigen Prinzipien organisiert ist, dann sind die literarischen ‚Knochen' vorhanden"[77]. Auch in dem gedanklichen Durchdringen von Malerei und Pinselschrift werden die gleichen Termini benutzt, und zwar im Hinblick auf die Pinseltechnik. Hat eine Handschrift Pinselkraft, so besitzt sie Knochenstruktur; hat sie sie nicht und wirkt deshalb weich, so zeigt sie zuviel „Fleisch"; besitzt sie inneren Zusammenhang, dann bezeichnet man sie als „sehnig".

Zhang Huaiguan, ein Kalligraph des 9. Jahrhunderts, vergleicht das Erscheinungsbild einer Schrift mit der eines Pferdes, das entweder sehnig oder fleischig, und im letzteren Fall eben kraftlos sei[78]. Überhaupt scheint bei der Herausbildung dieser Terminologie auch die in der Han-Zeit praktizierte Beurteilung von Rossen (xiangma 相馬) auf ihre Tauglichkeit hin in gewisser Weise Pate gestanden zu haben[79]. Aufschlußreich in diesem Zusammenhang ist auch die Tatsache, daß an einem Kunstwerk Mängel in technischer oder kompositorischer Hinsicht als „Krankheiten" (bing 病) bezeichnet werden.

Wenn in der Landschaftsmalerei mindestens seit der Song-Zeit die Elemente und Versatzstücke einer Bildkomposition mit Teilen des menschlichen Körpers verglichen werden, so darf man auch dies nicht ausschließlich allegorisch werten. Wenn Guo Xi in seinem 1017 geschriebenen Traktat an einem Berg das Wasser als dessen Blut, die Pflanzen als Haare, Nebel und Wolken als die geistigen und charakterlichen Züge interpretiert und die Felsen als die Knochen der Natur bezeichnet[80], so schwingt darin die uralte chinesische Auffassung von der Landschaft als eines von der pneumatischen Lebenskraft qi 氣 durchpulsten Organismus mit, die sich schon früh in der Lehre von der Geomantik (fengshui 風水) niedergeschlagen hat[81]. Komplexe Landschaftsbilder lassen sich ohne Schwierig-

[76] Über die chinesische Medizintheorie informiert das hervorragende Buch von M. Porkert (1974).
[77] *Wenxin diaolong* 6, 28; Shih, 162.
[78] Vgl. die von Hay zitierte Stelle bei Bush-Murck, 91.
[79] Über den Einfluß der Beurteilung von Pferden auf die Terminologie der Kunsttheorie, insbesondere auf den Begriff *gu*, „Knochen", „Struktur", vgl. Y. Nagahiro: *Kandai gasô no kenkyû* (*The Representational Art of the Han Dynasty*), Tôkyô (1965), 123 - 126.
[80] In seinem *Linquan gaozhi*, zitiert bei Bush-Shih, 167.
[81] Zur Wissenschaft der Geomantik und zu ihrem Einfluß auf die Theorie der Landschaftsmalerei vgl. Goepper (1956), 84 und 143 - 145; Goepper (1962), 147 - 174; S.Bush: „Lung-mo, K'ai-ho

keiten nach den Prinzipien der Geomantik oder Geognomik aufschlüsseln und interpretieren.

Gelegentlich kann die Kunst in China in einem noch weiter gespannten Rahmen gesehen und in kosmische Dimensionen eingeordnet werden, insbesondere die Musik. Schon die fünf Grundtöne der pentatonischen Skala konfuzianischer Kultmusik können mit den fünf elementaren Wandlungszuständen allen Seins (wuxing 五行) korrespondieren[82]. Und die um die Mitte des 2. Jahrhunderts verfaßten Berichte über die Musik im konfuzianischen Buch der Riten sagen: „Musik, das ist die Harmonie von Himmel und Erde. Durch Harmonie werden alle Dinge erzeugt, durch Ordnung werden sie unterschieden. Die Musik wird vom Himmel geschaffen und das Ritual erhält seine Ordnung von der Erde“[83].

Die vegetative Lebenskraft

Mit dem soeben kurz angesprochenen qi 氣 kommen wir zu einem zentralen Begriff nicht nur aller chinesischen Kunstauffassung sondern der ganzen Seinsvorstellung[84]. Das Schriftzeichen qi bedeutet ursprünglich „Dampf“ oder „Dunst“, auch „Atem“, erfährt aber bald schon eine Bedeutungserweiterung zu einem dem griechischen Pneuma vergleichbaren „Lebensprinzip“, einer zwischen Materie und Äther in einer Zwischenposition angesiedelten ausstrahlenden Energie oder Vitalität[85].

Diese vitale Kraft durchtränkt die gesamte Natur, hat nach der altchinesischen Naturvorstellung der Geomantik die Berge als sichtbare Kondensationspunkte, durchpulst aber ebenso den Menschen und dessen gesamte Tätigkeit, somit auch die künstlerische. Dieses urtümliche Lebensfluidum qi kann vom Schamanen kanalisiert und dann als Kommunikationsmittel zwischen den unterschiedlichen Seinsbereichen genutzt werden. In ähnlicher Weise wird es in der frühchinesischen konfuzianischen Kunsttheorie als kanalisierbar angesehen, wenn es unter-

and Ch'i-fu; Some Implications of Wang Yuan-ch'i's Three Compositional Terms“, in: *Ars Orientalis*, N.S., 8 (1962), 120 - 127. Allgemeines über die Geomantik bei Needham, 4, 1, 239 ff.

82 Über die Verknüpfung der altchinesischen Musiktheorie mit anderen Vorstellungsbereichen vgl. Needham, 4, 1, 131.

83 *Li Ji, Yue Ji*, 1, 23; R.Wilhelm: *Li Gi, Das Buch der Sitte des älteren und jüngeren Dai*, Jena (1930), 48.

84 Siehe den wichtigen Aufsatz von D. Pollard: „Ch'i in Chinese Literary Theory“, in: A. A. Rickett (Hg.): *Chinese Approaches to Literature from Confucius to Liang Ch'i-ch'ao*, Princeton (1978), 43 - 66.

85 Allgemeines über *qi* bei Needham, 4, 1, 133 ff.

schiedlich lange Bambusröhren durchweht und dabei zur Realisierung der absoluten Tonskala einer kosmischen Urmusik beiträgt.

Untersuchungen von Manfred Porkert[86] haben die Bedeutung des qi in der chinesischen Medizin aufgezeigt; in die konfuzianische Philosophie ist es bei Mencius im frühen 3. Jahrhundert v. Chr. bereits voll integriert. Es ist fließend, erfüllt den Raum zwischen Himmel unf Erde und durchdringt auch den menschlichen Körper. Der Philosoph Guanzi hat gesagt: „Wenn das qi durchdringt, entsteht Leben; das Leben aber besteht aus Denken und dieses wiederum führt zum Wissen“[87].

In der frühen Literaturtheorie spielt das qi bereits eine eminente Rolle. Schon im frühen 3. Jahrhundert erklärt Cao Bi es für das Wichtigste in der Literatur, das aber durch forcierte Anstrengung nicht zu erreichen sei[88], ebensowenig wie in der Musik. Und Liu Xie sagt in seinem wichtigen Buch Wenxin diaolong: „Das qi versieht die (literarischen) Absichten mit Substanz, und diese Absichten bestimmen dann die Worte. Die Blüten der Kunst hervorzubringen, bedeutet letztlich nur eine Umsetzung dieser Lebenskraft qi“[89]. Später, im 12. Jahrhundert, schreibt Su Che, der Bruder des berühmten Poeten Su Dongpo: „In meinem ganzen Leben bin ich gerne literarisch tätig gewesen. Nachdem ich mich gedanklich darin vertieft hatte, bin ich zur Überzeugung gekommen, daß das Verfassen von Literatur eigentlich ein Formannehmen der Lebenskraft qi ist. Und so kann literarische Begabung nicht durch Lernen erworben werden, denn das qi erreicht man nur durch Kultivierung“[90].

In den Sechs Prinzipien, die Xie He im frühen 6. Jahrhundert für die Beurteilung von Malerei formulierte und die seither das Rückgrat der chinesischen Malkunsttheorie abgegeben haben, steht die vitale Lebenskraft qi an allererster Stelle: „Der Widerhall der Lebenskraft, das ist lebendige Bewegung“ (qiyun shengdong 氣韻生動)[91]. Auch dem Maler muß die vitale Energie angeboren sein, durch Studium kann er sie sich nicht aneignen. Wie in der Schreibkunst kann man sie auch von jedem einzelnen Pinselstrich eines Werkes ablesen[92].

[86] Porkert (1974), 167 – 8.

[87] *Guanzi, Neiye*; zitiert bei Pollard, in: Rickett (1978), 45 – 46.

[88] Zitiert im *Wenxin diaolong*, 6, 28; Shih, 163.

[89] Ebda. 6, 27; Shih, 160.

[90] Zitiert bei Pollard, a.a.O., 57.

[91] Die wichtigsten der zahlreichen Arbeiten über diesen Satz finden sich in der ausführlichen Bibliographie von Bush-Shih, 371 – 377.

[92] Dies schreibt Zhang Yanyuan in seinem *Lidai minghua ji*; Acker (1954), 183.

Nachhall oder Resonanz

Da während des Schaffensprozesses die vitale Kraft des Künstlers in sein Werk übertragen wird, ist sie dort als Nachhall oder Resonanz auch weiterhin präsent, sozusagen virulent, und kann vom Betrachter oder Leser, wenn er dafür empfänglich ist, wahr- und aufgenommen werden. Man kann also den Ablauf von Kunst in psychologistischer Weise als einen in sich geschlossenen geistig vitalen Zyklus definieren, der den Künstler, seinen Schaffensprozeß, das daraus entstandene Werk und schließlich auch den rezipierenden Betrachter umgreift.

Für das Weiterwirken der kreativen Kraft und das Respondieren des Betrachters gibt es im Chinesischen verschiedene Termini, zum Beipiel ying 應, „übereinstimmen“, gan 感, „respondieren“, vor allem aber das Zeichen yun 韻, das in der Bedeutung von „Nachhall“ in dem eben zitierten Satz des Xie He erscheint, das aber auch den „Reim“ in einem Gedicht meint.

Natürlich spielt dieses Respondieren oder der Nachhall in der Musiktheorie eine wichtige Rolle. Charakteristisch ist die oft zitierte Geschichte des Zitherspielers Bo Ya aus dem 6. Jahrhundert v. Chr., aus dessen Spiel der mit ihm befreundete Zhong Ziqi stets das den Spieler inspirierende Thema oder seine Stimmung herauszuhören vermochte. Als Zhong starb, zerriß Bo Ya die Saiten seiner Zither, weil die Resonanz seiner Musik in einem anderen Menschen erloschen war[93]. Zu den Mysterien guten Zitherspiels gehört es übrigens, beim Anschlagen einer Saite eine andere korrespondierend zum Mitschwingen zu bringen und deren fast unhörbarem Ton zu lauschen. Zong Bing, der im 5. Jahrhundert einen wichtigen kurzen Traktat zur Landschaftsmalerei verfaßt hat, schrieb in einem anderen Werk: „Musikalische Noten erhalten Resonanz in der sympathetischen Natur (des Hörers), welcher in seinem Geist die mystische Erfahrung (vom Gehalt der Musik) nachvollzieht“[94]. Ähnliche Formulierungen tauchen immer wieder in der Literaturtheorie auf, für die Malerei haben wir die den gesamten Vorstellungskomplex prägende Formulierung des Xie He gerade kennengelernt.

[93] Die Geschichte findet sich im *Shishuo xinyu*, Mather 326; spätere Belege bei van Gulik, 73 und 97.

[94] Munakata, in Bush-Murck, 124.

Identifikation mit dem Thema oder Gegenstand

Die Tatsache, daß Natur und Mensch gleichermaßen von der vegetativen Lebenskraft durchpulst sind, ermöglicht dem chinesischen Künstler eine fast mystische Identifikation mit dem von ihm gestalteten Thema oder Gegenstand. Die „geheimnisvolle Begegnung" (xuandui 玄對)[95] mit dem Naturgegenstand hat den Charakter einer geistigen Kommunikation (shenhui 神會)[96]. Allerdings braucht solche Begegnung bei der Schaffung eines Kunstwerks nicht realiter in der Natur zu geschehen, sondern kann sich auch zu Hause im Studio als Projektion einer früher gemachten und bereits verarbeiteten Erfahrung vollziehen. Im 11. Jahrhundert schreibt der Maler Guo Xi: „Es ist einem subtilen Künstler möglich, die Landschaften in all ihrer reichen Pracht zu reproduzieren. Ohne aus dem Zimmer zu gehen, kann er bei voller Zufriedenheit seines Herzens mitten zwischen Strömen und Tälern sitzen"[97]. Für solches mystisches Schaffen oder Genießen von Malerei hatte schon ein halbes Jahrtausend früher Zong Bing den Topos erfunden: „Zuhause liegend umherwandern" (woyou 臥遊)[98].

Ihre prägnanteste Ausprägung findet die Identifikation mit dem als Thema dienenden Naturgegenstand zweifellos seit der Song-Zeit in der Bambusmalerei mit Tusche, in welcher ja auch der Spielcharakter chinesischer Kunst so deutlich zutage trat. Das Spiel ist also nicht bloß ästhetischer Zeitvertreib, sondern gewinnt einen mystischen Hintergrund. Su Dongpo sagt von dem Bambusmaler Wen Tong: „Zur Zeit, da er Bambus malte, achtete er nur auf den Bambus und nicht auf seine eigene Person. Dabei war er sich seiner selbst nicht einfach unbewußt, sondern wie in Trance ließ er seinen Körper zurück, ja sein Körper verwandelte sich in einen Bambus, und in einer unergründlichen Weise vermochte er dann (des Bambus) reine Frische hervorzubringen"[99]. Die innere Affinität des chinesischen Literaten zum Bambus hatte schon im 4. Jahrhundert ein Mitglied der berühmten Wang-Sippe mit dem seitdem zu einem geflügelten Wort gewordenen Satz ausgedrückt: „Wie könnte ich auch nur einen einzigen Tag ohne diesen Herrn (ci jun 此君, nämlich den Bambus) auskommen"[100]?

[95] Sie wird von Yu Liang ausgesagt; Mather, 314.

[96] So definiert den Terminus Tu, in Bush-Murck, 69.

[97] Bush-Shih, 151.

[98] Der Text des Zong Bing erscheint im *Lidai minghua ji* 6; Acker (1954), 117; Sakanishi (1939), 40. Vgl. dazu auch Goepper (1962), 15.

[99] Zitiert bei Bush-Shih, 212.

[100] Im *Shishuo xinyu* zitierter Ausspruch des Wang Huizhi; Mather, 388.

Das Problem von Form und Gehalt

Das Schwanken des Schaffensprozesses zwischen Expression der eigenen Persönlichkeit einerseits und Identifikation mit dem Thema und Gegenstand andererseits hat den chinesischen Künstler auch mit einem grundsätzlichen Problem jeder Kunst konfrontiert: der Antithese von Form und Gehalt, das heißt, von dem, was das Werk aussagt, und dem, wie es ausgesagt wird. Auf den Menschen bezogen hatte schon Konfuzius dieses Problem gesehen. In seinen Gesprächen (Lunyu) heißt es: „Bei wem der Gehalt die Form überwiegt, der ist ungeschlacht; bei wem die Form den Gehalt überwiegt, der ist ein Schreiber. Bei wem jedoch Form und Gehalt in harmonischem Gleichgewicht sind, der ist ein hochstehender Mensch (junzi 君子)“[101]. Die beiden Schriftzeichen für diese wichtigen Begriffe sind einerseits wen 文, das man ganz allgemein als „schön oder gut gestaltete Form“ übersetzen kann und das dann auch „Literatur“, ja sogar „Kultur“, eben als Gestaltung im weitesten Sinne, bedeutet; und andererseits zhi 質, das unter anderem auch die Begriffe „Substanz“, „Essenz“ und dergleichen wiedergibt.

Die Bedeutung dieser beiden Begriffe für die Literatur hat schon Lu Ji in seiner Reimprosa über die Literatur erkannt: „Richtige Prinzipien, die den Gehalt (eines Gedichtes) tragen, setzen dessen zentralen Stamm fest; die gestaltete (stilistische) Form, die davon abhängt, umgürtet ihn mit Vielfalt“[102]. Und ähnlich wie Konfuzius für den Menschen, fordert Liu Xie von einem literarischen Werk Ausgeglichenheit von Form und Gehalt[103].

Seit der Mitte des 5. Jahrhunderts geistert das Begriffspaar auch durch die theoretischen Texte der Schriftkunst, wobei hier allerdings das allgemeine Schriftzeichen wen 文 durch ein anderes ersetzt wird, das auch „weibliche Schönheit“ bedeutet. Das eigentlich Wesentliche der Kunst des Schreibens, das durch den zeitbedingten Wandel von Form und Gehalt nicht affiziert wird, sucht man aber jenseits dieser beiden Begriffe[104].

Auf die Malerei bezogen sagt Yao Cui: „Die Wunder der Malerei sind so groß, daß Worte sie nie ganz ergründen können. Denn in ihrem Gehalt entfernt sie sich niemals von den Vorstellungen des Altertums; in der gestalteten Form aber wandelt sie sich, den jeweils gegenwärtigen Zeitumständen entsprechend“[105].

[101] *Lunyu*, 6, 16; Legge, 1, 190.
[102] Fang, 10.
[103] *Wenxin diaolong*, 6, 29; Shih, 167.
[104] Über diese Begriffe und ihre Übertragung in die Schrifttheorie vgl. Goepper (1974), 142 - 145.
[105] Acker (1954), 35.

Formale Ähnlichkeit

Im Spannungsfeld zwischen Expression und Einfühlung während seines Schaffens erhebt sich auch für den chinesischen Künstler die Frage, wie eng er sich bei der Formulierung des in seinem Bild zu gestaltenden Gegenstandes an dessen sichtbare Form halten oder diese zugunsten der Expression nur als Ausdrucksträger nutzen und deshalb verändern oder übersteigern soll. Nur selten wird in der chinesischen Malkunsttheorie die „formale Ähnlichkeit“ (xingsi 形似) als besonderer Wert hervorgehoben, so etwa im Milieu der von dem Song-Kaiser Hui Zong um 1100 favorisierten höfischen Akademie mit ihren akribisch genauen Vogel- und Pflanzendarstellungen[106].

Aber schon zweihundert Jahre früher hatte der Maler Jing Hao geschrieben: „Formale Ähnlichkeit bedeutet, die Gestalt eines Gegenstandes zu treffen, aber dessen Geist auszulassen. (Wahre) Wirklichkeitsnähe fordert, daß sowohl Geist wie Gehalt gleich stark entwickelt sind. Wenn aber der Geist nur durch die äußere Erscheinung und nicht durch das Abbild im Ganzen vermittelt wird, wird dieses Abbild tot wirken“[107]. Berühmtheit erlangt hat folgende Äußerung des Dichters, Kalligraphen und Malers Su Dongpo: „Wenn jemand über Malereien urteilt nach formaler Ähnlichkeit, so sind seine Ansichten mit denjenigen eines Kindes verwandt. Wenn jemand beim Verfassen eines Gedichtes auf ein ganz bestimmtes Gedicht (als Vorbild) hinzielt, dann ist er sicherlich kein Mann, der etwas von Dichtung versteht. Dichtung und Malerei haben beide ihre Wurzel in einem einzigen Gesetz: natürliche Begabung und Originalität“[108].

Kaum weniger oft zitiert wird der Satz des Ni Zan aus dem 14. Jahrhundert: „Was ich als Malen bezeichne, ist eigentlich nichts anderes als ein absichtsloses Niederschreiben ungezwungener Pinselstriche. Ich strebe nie nach formaler Ähnlichkeit, sondern betreibe es ausschließlich zu meinem Vergnügen“[109].

Daß die chinesische Kunsttheorie von Anfang an eher ein Transzendieren allzu enger Naturauffassung favorisiert hat, möge ein Zitat aus den im Jahre 847 n. Chr. fertiggestellten Berichten über berühmte Maler aus allen Dynastien (Lidai minghua ji) des Zhang Yanyuan beweisen: „Den Malern der alten Zeit gelang es gelegentlich, formale Ähnlichkeit zu vermitteln, aber zugleich legten sie Wert auf strukturelle Ausdruckskraft. Sie suchten also außerhalb der formalen Ähn-

[106] Über Hui Zong, seine Akademie und seine Kunstpolitik siehe die Dissertation von B. Ecke (Tseng Yu-ho): *Emperor Hui Tsung, the Artist: 1082 – 1136*, New York (1972).
[107] In seinem Traktat *Bifa ji*; zitiert bei Bush-Shih, 146.
[108] Goepper (1962), 12; Bush-Shih, 224.
[109] Goepper (1962), 16.

lichkeit das eigentlich Malerische. Es ist jedoch schwierig, hierüber mit gewöhnlichen Menschen zu reden. Wenn nun die Maler von heute gelegentlich formale Ähnlichkeit treffen, so entsteht bei ihnen doch nicht der Widerhall der Lebenskraft (qiyun 氣韻). Sucht man aber gerade darin das eigentlich Malerische, dann stellt sich formale Ähnlichkeit ganz von selbst ein"[110].

Mit diesen für einen Kunsttheoretiker des 9. Jahrhunderts erstaunlich modern wirkenden Sätzen soll diese zwangsläufig summarische Darstellung grundlegender Elemente und Begriffe der traditionellen chinesischen Kunstauffassung abgeschlossen werden. Der westliche Leser mag sich vielleicht wundern über die unmittelbare Nebeneinanderreihung ähnlich lautender Zitate aus weit auseinanderliegenden Jahrhunderten. Die über lange Zeiträume hinweg relativ geschlossene Homogenität von Terminologie und Grundgedanken wird hieraus deutlich. Natürlich hat es auch hier Entwicklung und historischen Wandel gegeben, besonders in den oft schwer zu fassenden oder in eine fremde Sprache zu übersetzenden Bedeutungsnuancierungen der Termini oder in einem Wechsel der Akzentuierung bestimmter Wesenszüge an Kunst und Künstlern, etwa im Gefolge sozialer Umschichtungen während der Song-Zeit. Dies herauszustellen hätte jedoch das Fassungsvermögen dieser Arbeit gesprengt.

Frappierend bleibt auf jeden Fall die große Geschlossenheit des alle freien Künste übergreifenden theoretischen Gedankengebäudes. Zum Teil kann sie sicherlich erklärt werden durch die Geschlossenheit der sozialen Schicht, welche in China Kunst sowohl produziert als auch genossen hat und welche in hohem Maße traditionsverhaftet geblieben ist. Außerdem hat gerade die stark autochthone Prägung der freien Künste spürbare und entscheidende Einflüsse von außen erschwert. Im Zuge der weltweiten Internationalisierung von Kunst und deren theoretischem Unterbau könnten aber die chinesischen Gedanken zur Kunst gerade wegen ihrer Zeitlosigkeit auch heute durchaus anregend wirken.

[110] Goepper (1962), 12; Acker (1954), 149.

Grundformen der chinesischen Schriftzeichen für „Kunst“
Nach Inschriften auf Orakelknochen der Shang-Periode, 12. Jh. v. Chr.

Yi 藝

Bild eines knienden Mannes, der ein Pflänzchen hält

Shu 術

Zusammengesetzt aus den Bestandteilen „Spur“

Und „shu“ = Hirse, als Phonetikum

Dao 道

Zusammengesetzt aus „Spur“ und „Auge“

Ausgewählte Literatur

Acker, W. R. B. (1954): Some T'ang and Pre-T'ang Texts on Chinese Painting, Leiden

Acker, W. R. B. (1974): Some T'ang and Pre-T'ang Texts on Chinese Painting, Bd. 2, Leiden

Addis, St. (1999) mit Beiträgen von De Woskin, K. J. und Clark, M: The Resonance of the Qin in East Asian Art, China Institute Gallery, New York

Barnhart, R. M. (1964): „Wei Fu-jen's Pi-chen T'u and the Early Texts on Calligraphy", in: Archives of the Chinese Art Society of America, 18, 13 - 25

Bush, S. (1971): The Chinese Literati on Painting, Su Shih (1037 - 1101) to Tung Ch'ich'ang (1555 - 1636), Cambridge, Mass.

Bush, S. und Murck, Ch. (Hg.): Theories on the Arts in China, Princeton

Bush, S. und Shih, Hs.-y. (1985): Early Chinese Texts on Painting, Cambridge, Mass.

Cahill, J. (1966): „Confucian Elements in the Theory of Painting", in: Wright, A. (Hg.): The Confucian Persuasion, Stanford, 115 - 140

Debon, G. (1978): Grundbegriffe chinesischer Schrifttheorie und ihre Verbindung zu Dichtung und Malerei, Wiesbaden

Fang, A. (1965): „Rhymeprose on Literature. The Wên-fu of Lu Chi (A. D. 261 - 303)", in: Bishop, J. L. (Hg.): Studies in Chinese Literature, Cambridge, 3 - 42

Franke, H. (1965): „Die Geheimnisse der Landschaftsmalerei" (von Huang Gongwang), in: Asiatische Studien, 18/19, 19 - 30

Goepper, R. (1956): T'ang-tai, ein Hofmaler der Ch'ing-Zeit (Dissertation), München

Goepper, R. (1962): Vom Wesen chinesischer Malerei, München

Goepper, R. (1972): „Notiz über expressive Techniken in der chinesischen Schriftkunst des 8. Jahrhunderts", in: Oriens Extremus, 19, 31 - 40

Goepper, R. (1974): Shu-p'u. Der Traktat zur Schriftkunst des Sun Kuo-t'ing, Wiesbaden

Gulik, R. H. van (1969): The Lore of the Chinese Lute, 2. Aufl., Tokyo-Rutland

Hay, J. (1983): „The Human Body as a Microcosmic Source of Macrocosmic Values in Calligraphy and Painting", in: Bush-Murck (1983), 74 - 102

Hurvitz, L. (1979): „Tsung Ping's Comments on Landscape Painting", in: Artibus Asiae, 32, 146 - 156

Kotzenberg, H. (1977): „Die Ausdrucksform des Fei-pai-Stils", in: Asiatische Studien, 31, 31 - 41

Legge, J. (1960): The Chinese Classics (Nachdruck), Hongkong

Liu, J. J. Y. (1975): Chinese Theories on Literature, Chicago-London

Mather, R. B. (1976): Shih-shuo Hsin-yü. A New Account of Tales of the World, Minneapolis

Munakata, K. (1974): Ching Hao's Pi-fa chi: A Note on the Art of the Brush, Ascona

Munakata, K. (1983): „Concepts of Lei and Kan-lei in Early Chinese Art Theory", in: Bush-Murck (1983), 105 - 131

Needham, J. (1954 ff.): Science and Civilisation in China, Cambridge

Pollard, D. (1978): „Ch'i in Chinese Literary Theory", in: Rickett (1978), 43 - 66

Porkert, M. (1974): The Theoretical Foundations of Chinese Medicine: Systems of Correspondence, Cambridge, Mass.

Rickett, A. A. (Hg.) (1978): Chinese Approaches to Literature from Confucius to Liang Ch'i-ch'ao, Princeton

Sakanishi, Sh. (1936): Lin ch'üan kao chih. An Essay on Landscape Painting, London

Shih, V. Y.-ch. (1957): The Literary Mind and the Carving of Dragons by Liu Hsieh (Reprint), Taipei

Sirén, O. (1936): The Chinese on the Art of Painting, Peking

Soper, A. C. (1951): Kuo Jo-Hsü's Experiences in Painting (T'u-hua Chien-wên Chih), Washington, D. C.

Taniguchi, T. (1966): „Sho no hintôron no seiritsu ni tsuite" (Über die Entstehung einer Rangordnung in der Kalligraphie), in: Bigaku, 64, 1 - 9

Taniguchi, T. (1971): Yô Kin: Korai nôsho jimmei (Der Schrifttraktat des Yang Xin), o. O.

Teng, K. (1932): „Tuschespiele", in: Ostasiatische Zeitschrift, 18, 249 - 255

Teng, K. (1934-35): „Chinesische Malkunsttheorie in der T'ang- und Sung-Zeit", in: Ostasiatische Zeitschrift, 20 und 21

Tu, W. M. (1983): „The Idea of the Human in Mencian Thought", in: Bush-Murck (1983), 57 - 73

Wixted, J.Th. (1983): „The Nature of Evaluation in the Shih-p'in by Chung Hung" (A.D.469 - 518), in: Bush-Murck (1983), 225 - 254

Wong, S.-k. (1983): Early Chinese Literary Criticism, Hongkong

Woskin, K. De (1983): „Early Chinese Music and the Origins of Aesthetic Terminology", in Bush-Murck (1983), 187 - 214

Xu Fuguan (Hsü Fu-kuan) (1966): Zhongguo yishu jingshen (Der Geist der chinesischen Kunst), Taizhong

Yu, P. (1983): „Formal Distinctions in Chinese Literary Theory", in: Bush-Murck (1983), 27 - 53

Veröffentlichungen der Nordrhein-Westfälischen Akademie der Wissenschaften

Neuerscheinungen 1988 bis 2000

Vorträge G Heft Nr.		GEISTESWISSENSCHAFTEN
292	*Bernhard Kötting, Münster*	Die Bewertung der Wiederverheiratung (der zweiten Ehe) in der Antike und in der Frühen Kirche
293	*5. Akademie-Forum*	Technik und Industrie in Kunst und Literatur
	Volker Neuhaus, Köln	Vorwurf Industrie
	Klaus Wolfgang Niemöller, Köln	Industrie, Technik und Elektronik in ihrer Bedeutung für die Musik des 20. Jahrhunderts
	Hans Schadewaldt, Düsseldorf	Technik und Heilkunst
294	*Paul Mikat, Düsseldorf*	Die Polygamiefrage in der frühen Neuzeit
295	*Georg Kauffmann, Münster*	Die Macht des Bildes – Über die Ursachen der Bilderflut in der modernen Welt. Jahresfeier am 27. Mai 1987
296	*Herbert Wiedemann, Köln*	Organverantwortung und Gesellschafterklagen in der Aktiengesellschaft
297	*Rainer Lengeler, Bonn*	Shakespeares Sonette in deutscher Übersetzung: Stefan George und Paul Celan
298	*Heinz Hürten, Eichstätt*	Der Kapp-Putsch als Wende. Über Rahmenbedingungen der Weimarer Republik seit dem Frühjahr 1920
299	*Dietrich Gerhardt, Hamburg*	Die Zeit und das Wertproblem, dargestellt an den Übertragungen V. A. Žukovskijs
300	*Bernhard Großfeld, Münster*	Unsere Sprache: Die Sicht des Juristen
301	*Otto Pöggeler, Bochum*	Philosophie und Nationalsozialismus – am Beispiel Heideggers Jahresfeier am 31. Mai 1989
302	*Friedrich Ohly, Münster*	Metaphern für die Sündenstufen und die Gegenwirkungen der Gnade
303	*Harald Weinrich, München*	Kleine Literaturgeschichte der Heiterkeit
304	*Albrecht Dihle, Heidelberg*	Philosophie als Lebenskunst
305	*Rüdiger Schott, Münster*	Afrikanische Erzählungen als religionsethnologische Quellen, dargestellt am Beispiel von Erzählungen der Bulsa in Nordghana
306	*Hans Rothe, Bonn*	Anton Tschechov oder Die Entartung der Kunst
307	*Arthur Th. Hatto, London*	Eine allgemeine Theorie der Heldenepik
308	*Rudolf Morsey, Speyer*	Die Deutschlandpolitik Adenauers. Alte Thesen und neue Fakten
309	*Joachim Bumke, Köln*	Geschichte der mittelalterlichen Literatur als Aufgabe
310	*Werner Sundermann, Berlin*	Der Sermon von der Seele. Ein Literaturwerk des östlichen Manichäismus
311	*Bruno Schüller, Münster*	Überlegungen zum ‚Gewissen'
312	*Karl Dietrich Bracher, Bonn*	Betrachtungen zum Problem der Macht
313	*Klaus Stern, Köln*	Die Wiederherstellung der deutschen Einheit – Retrospektive und Perspektive Jahresfeier am 28. Mai 1991
314	*Rainer Lengeler, Bonn*	Shakespeares *Much Ado About Nothing* als Komödie
315	*Jean-Marie Valentin, Paris*	Französischer „Roman comique" und deutscher Schelmenroman
316	*Nikolaus Himmelmann, Bonn*	Archäologische Forschungen im Akademischen Kunstmuseum der Universität Bonn: Die griechisch-ägyptischen Beziehungen
317	*Walther Heissig, Bonn*	Oralität und Schriftlichkeit mongolischer Spielmanns-Dichtung
318	*Anthony R. Birley, Düsseldorf*	Locus virtutibus patefactus? Zum Beförderungssystem in der Hohen Kaiserzeit
319	*Günther Jakobs, Bonn*	Das Schuldprinzip
320	*Gherardo Gnoli, Rom*	Iran als religiöser Begriff im Mazdaismus
321	*Claus Vogel, Bonn*	Mīramīrāsutas Asālatiprakāśa – Ein synonymisches Wörterbuch des Sanskrit aus der Mitte des 17. Jahrhunderts
322	*Klaus Hildebrand, Bonn*	Die britische Europapolitik zwischen imperialem Mandat und innerer Reform 1856–1876

323 *Paul Mikat, Düsseldorf* — Die Inzestverbote des Dritten Konzils von Orléans (538). Ein Beitrag zur Geschichte des Fränkischen Eherechts

324 *Hans Joachim Hirsch, Köln* — Die Frage der Straffähigkeit von Personenverbänden

325 *Bernhard Großfeld, Münster* — Europäisches Wirtschaftsrecht und Europäische Integration

326 *Nikolaus Himmelmann, Bonn* — Antike zwischen Kommerz und Wissenschaft

Jahresfeier am 8. Mai 1993

327 *Slavomír Wollman, Prag* — Die Literaturen in der österreichischen Monarchie im 19. Jahrhundert in ihrer Sonderentwicklung

328 *Rainer Lengeler, Bonn* — Literaturgeschichte in Nöten. Überlegungen zur Geschichte der englischen Literatur des 20. Jahrhunderts

329 *Annemarie Schimmel, Bonn* — Das Thema des Weges und der Reise im Islam

330 *Martin Honecker, Bonn* — Die Barmer Theologische Erklärung und ihre Wirkungsgeschichte

331 *Siegmar von Schnurbein, Frankfurt/Main* — Vom Einfluß Roms auf die Germanen

332 *Otto Pöggeler, Bochum* — Ein Ende der Geschichte? Von Hegel zu Fukuyama

333 *Niklas Luhmann, Bielefeld* — Die Realität der Massenmedien

334 *Josef Isensee, Bonn* — Das Volk als Grund der Verfassung

335 *Paul Mikat, Düsseldorf* — Die Judengesetzgebung der fränkisch-merowingischen Konzilien

336 *Bernhard Großfeld, Münster* — Bildhaftes Rechtsdenken. Recht als bejahte Ordnung

337 *Herbert Schambeck, Linz* — Das österreichische Regierungssystem. Ein Verfassungsvergleich

338 *Hans-Joachim Klimkeit, Bonn* — Manichäische Kunst an der Seidenstraße

339 *Ernst Dassmann, Bonn* — Frühchristliche Prophetenexegese

340 *Nikolaus Himmelmann, Bonn* — Sperlonga. Die homerischen Gruppen und ihre Bildquellen

341 *Claus Vogel, Bonn* — Zum Aufbau altindischer Sanskritwörterbücher der vorklassischen Zeit

342 *Hans Joachim Hirsch, Köln* — Rechtsstaatliches Strafrecht und staatlich gesteuertes Unrecht

343 *Hans-Peter Schwarz, Bonn* — Der Ort der Bundesrepublik Deutschland in der deutschen Geschichte

344 *Günther Jakobs, Bonn* — Die strafrechtliche Zurechnung von Tun und Unterlassen

345 *Paul Mikat, Düsseldorf* — Caesarius von Arles und die Juden

346 *Gustav A. Lehmann, Göttingen* — Oligarchische Herrschaft im klassischen Athen

347 *Ludwig Siep, Münster* — Zwei Formen der Ethik

348 *Rüdiger Schott, Münster* — Orakel und Opferkulte bei Völkern der westafrikanischen Savanne

349 *Nikolaus Himmelmann, Bonn* — Tieropfer in der griechischen Kunst

350 *Klaus Stern, Köln* — Verfassungsgerichtsbarkeit und Gesetzgeber

351 *José Vitorino de Pina Martins, Lissabon* — Erasme à l'origine de l'Humanisme en Allemagne

352 *Rudolf Schieffer, München* — Der geschichtliche Ort der ottonisch-salischen Reichskirchenpolitik

353 *Wolfgang Kluxen, Bonn* — Perspektiven der Wirtschaftsethik

354 *Otto Pöggeler, Bochum* — Lyrik als Sprache unserer Zeit? Paul Celans Gedichtbände

355 *Georg Petzl, Köln* — Die Beichtinschriften im römischen Kleinasien und der Fromme und Gerechte Gott

356 *Bernhard Großfeld, Münster* — Recht als Leidensordnung

357 *Nikolaus Himmelmann, Bonn* — Attische Grabreliefs

358 *Konrad Repgen, Bonn* — Der Westfälische Friede: Ereignis, Fest und Erinnerung

359 *Johannes Kunisch, Köln* — Loudons Nachruhm

360 *Claus Vogel, Bonn* — Die Anfänge des westlichen Studiums der altindischen Lexikographie

361 *Josef Isensee, Bonn* — Vom Stil der Verfassung

362 *Hans Rothe, Bonn* — Was ist „altrussische Literatur"?

363 *Herbert Schambeck, Linz* — Politische und rechtliche Entwicklungstendenzen der europäischen Integration

364 *Bernhard König, Köln* — Transformation und Deformation: Vergils *Aeneis* als Vorbild spanischer und italienischer Ritterdichtung

365 *Ursula Peters, Köln* — Text und Kontext: Die Mittelalter-Philologie zwischen Gesellschaftsgeschichte und Kulturanthropologie

366 *Klaus Tipke, Wentorf* — Besteuerungsmoral und Steuermoral

367 *Fritz Ossenbühl, Bonn* — Die Not des Gesetzgebers im naturwissenschaftlich-technischen Zeitalter

368 *Otto Zwierlein, Bonn* — Antike Revisionen des Vergil und Ovid

369 *Roger Goepper, Köln* — Aspekte des traditionellen chinesischen Kunstbegriffs

370 *Peter Wunderli, Düsseldorf* — Realitätskonstitution und mythischer Ursprung. Zur Entwicklung der italienischen Schriftsprache von Dante bis Salviati

ABHANDLUNGEN

Band Nr.		
72	*(Sammelband)*	Studien zur Ethnogenese
	Wilhelm E. Mühlmann	Ethnogonie und Ethnogenese
	Walther Heissig	Ethnische Gruppenbildung in Zentralasien im Licht mündlicher und schriftlicher Überlieferung
	Karl J. Narr	Kulturelle Vereinheitlichung und sprachliche Zersplitterung: Ein Beispiel aus dem Südwesten der Vereinigten Staaten
	Harald von Petrikovits	Fragen der Ethnogenese aus der Sicht der römischen Archäologie
	Jürgen Untermann	Ursprache und historische Realität. Der Beitrag der Indogermanistik zu Fragen der Ethnogenese
	Ernst Risch	Die Ausbildung des Griechischen im 2. Jahrtausend v. Chr.
	Werner Conze	Ethnogenese und Nationsbildung – Ostmitteleuropa als Beispiel
75	*Herbert Lepper, Aachen*	Die Einheit der Wissenschaften: Der gescheiterte Versuch der Gründung einer „Rheinisch-Westfälischen Akademie der Wissenschaften" in den Jahren 1907 bis 1910
77	*Elmar Edel, Bonn*	Die ägyptisch-hethitische Korrespondenz (2 Bände)
78	*(Sammelband)*	Studien zur Ethnogenese, Band 2
	Rüdiger Schott	Die Ethnogenese von Völkern in Afrika
	Siegfried Herrmann	Israels Frühgeschichte im Spannungsfeld neuer Hypothesen
	Jaroslav Šašel	Der Ostalpenbereich zwischen 550 und 650 n. Chr.
	András Róna-Tas	Ethnogenese und Staatsgründung. Die türkische Komponente bei der Ethnogenese des Ungartums
	Register zu den Bänden 1 (Abh 72) und 2 (Abh 78)	
80	*Friedrich Scholz, Münster*	Die Literaturen des Baltikums. Ihre Entstehung und Entwicklung
83	*Karin Metzler, Frank Simon, Bochum*	Ariana et Athanasiana. Studien zur Überlieferung und zu philologischen Problemen der Werke des Athanasius von Alexandrien
84	*Siegfried Reiter/Rudolf Kassel, Köln*	Friedrich August Wolf. Ein Leben in Briefen. Ergänzungsband, I: Die Texte; II: Die Erläuterungen
85	*Walther Heissig, Bonn*	Heldenmärchen versus Heldenepos? Strukturelle Fragen zur Entwicklung altaischer Heldenmärchen
86	*Hans Rothe, Bonn*	*Die Schlucht.* Ivan Gontscharov und der „Realismus" nach Turgenev und vor Dostojevski (1849–1869)
88	*Peter Zieme, Berlin*	Religion und Gesellschaft im Uigurischen Königreich von Qočo
89	*Karl H. Menges, Wien*	Drei Schamanengesänge der Ewenki-Tungusen Nord-Sibiriens
90	*Christel Butterweck, Halle*	Athanasius von Alexandrien: Bibliographie
91	*T. Čertorickaja, Moskau*	Vorläufiger Katalog Kirchenslavischer Homilien des beweglichen Jahreszyklus
92	*Walter Mettmann, Münster (Hrsg.)*	Alfonso de Valladolid, *Mostrador de Justicia*
93	*Werner H. Hauss, Münster* *Robert W. Wissler, Chicago* *Hans-Joachim Bauch, Münster (Eds.)*	Seventh Münster International Arteriosclerosis Symposium: New Pathogenic Aspects of Arteriosclerosis Emphasizing Transplantation Atheroarteritis
94	*Helga Giersiepen, Bonn* *Raymund Kottje, Bonn (Hrsg.)*	Inschriften bis 1300. Probleme und Aufgaben ihrer Erforschung
95	*Walther Heissig, Bonn (Hrsg.)*	Formen und Funktion mündlicher Tradition
97	*Rudolf Schieffer, München (Hrsg.)*	Schriftkultur und Reichsverwaltung unter den Karolingern
98/99/ 105	*Hans Rothe, Bonn* *E. M. Vereščagin, Moskau (Hrsg.)*	Gottesdienstmenäum für den Monat Dezember, Teil 1/Teil 2/Teil 3
100	*Oleg V. Tvorogov (Hrsg.)*	Johannes Chrysostomos im altrussischen und südslavischen Schrifttum des 11.–16. Jahrhunderts
101	*Walter Mettmann, Münster (Hrsg.)*	Alfonso de Valladolid, *Tĕšuvot la-Mĕharef*
102	*Walther Heissig/Rüdiger Schott (Hrsg.)*	Die heutige Bedeutung oraler Traditionen
103	*Geng Shimin, Hans-Joachim Klimkeit, Jens Peter Laut (Hrsg.)*	Eine buddhistische Apokalypse: Die Höllenkapitel und die Schlußkapitel der Hami-Handschrift der alttürkischen *Maitrisimit*
104	*Hans Rothe, Bonn (Hrsg.)*	Das Dubrovskij-Menäum

Sonderreihe PAPYROLOGICA COLONIENSIA

Vol. VII	Kölner Papyri (P. Köln)
Bärbel Kramer und Robert Hübner (Bearb.), Köln	Band 1
Bärbel Kramer und Dieter Hagedorn (Bearb.), Köln	Band 2
Bärbel Kramer, Michael Erler, Dieter Hagedorn und Robert Hübner (Bearb.), Köln	Band 3
Bärbel Kramer, Cornelia Römer und Dieter Hagedorn (Bearb.), Köln	Band 4
Michael Gronewald, Bärbel Kramer, Klaus Maresch, Maryline Parca und Cornelia Römer (Bearb.)	Band 6
Michael Gronewald, Klaus Maresch (Bearb.), Köln	Band 7
Michael Gronewald, Klaus Maresch, Cornelia Römer (Bearb.), Köln	Band 8
Vol. XI	Katalog der Bithynischen Münzen der Sammlung des Instituts für Altertumskunde der Universität zu Köln
Wolfram Weiser, Köln	Band 1: Nikaia. Mit einer Untersuchung der Prägesysteme und Gegenstempel
Thomas Corsten, Köln	Band 2: Könige, Commune Bithyniae, Städte (außer Nikaia)
Vol. XIV: *Ludwig Koenen, Ann Arbor Cornelia Römer (Bearb.), Köln*	Der Kölner Mani-Kodex. Über das Werden seines Leibes. Kritische Edition mit Übersetzung
Vol. XV: *Jaakko Frösen, Helsinki/Athen Dieter Hagedorn, Heidelberg (Bearb.)*	Die verkohlten Papyri aus Bubastos (P. Bub.) Band 1
Dieter Hagedorn, Heidelberg Klaus Maresch, Köln (Bearb.)	Band 2
Vol. XVI: *Robert W. Daniel, Köln Franco Maltomini, Pisa (Bearb.)*	Supplementum Magicum Band 1 und Band 2
Vol. XVII: *Reinhold Merkelbach, Maria Totti (Bearb.), Köln*	Abrasax. Ausgewählte Papyri religiösen und magischen Inhalts Band 1 und Band 2: Gebete Band 3: Zwei griechisch-ägyptische Weihezeremonien Band 4: Exorzismen und jüdisch/christlich beeinflußte Texte
Vol. XVIII: *Klaus Maresch, Köln Zola M. Packmann, Pietermaritzburg, Natal (eds.)*	Papyri from the Washington University Collection, St. Louis, Missouri
Vol. XIX: *Robert W. Daniel, Köln (ed.)*	Two Greek Papyri in the National Museum of Antiquities in Leiden
Vol. XX: *Erika Zwierlein-Diehl, Bonn (Bearb.)*	Magische Amulette und andere Gemmen des Instituts für Altertumskunde der Universität zu Köln
Vol. XXI: *Klaus Maresch, Köln*	Nomisma und Nomismatia. Beiträge zur Geldgeschichte Ägyptens im 6. Jahrhundert n. Chr.
Vol. XXII: *Roy Kotansky, Santa Monica, Calif.*	Greek Magical Amulets. The Inscribed Gold, Silver, Copper, and Bronze Lamellae. Part 1: Published Texts of Known Provenance
Vol. XXIII: *Wolfram Weiser, Köln*	Katalog ptolemäischer Bronzemünzen der Sammlung des Instituts für Altertumskunde der Universität zu Köln
Vol. XXIV: *Cornelia Eva Römer, Köln*	Manis frühe Missionsreisen nach der Kölner Manibiographie
Vol. XXV: *Klaus Maresch, Köln*	Bronze und Silber. Papyrologische Beiträge zur Geschichte der Währung im ptolemäischen und römischen Ägypten
Vol. XXVI: *William H. Willis, Duke University, Klaus Maresch, Köln (Bearb.)*	The archive of Ammon Scholasticus of Panopolis (P. Ammon) Vol. 1: The legacy of Harpocration
Vol. XXVII *Markus Stein, Bonn (Bearb.)*	Manichaica Latina Band 1: Epistula ad Menoch
Vol. XXVIII: *Jürgen Hammerstaedt, Köln*	Griechische Anaphorenfragmente aus Ägypten und Nubien

GPSR Compliance
The European Union's (EU) General Product Safety Regulation (GPSR) is a set of rules that requires consumer products to be safe and our obligations to ensure this.

If you have any concerns about our products, you can contact us on

ProductSafety@springernature.com

In case Publisher is established outside the EU, the EU authorized representative is:

Springer Nature Customer Service Center GmbH
Europaplatz 3
69115 Heidelberg, Germany

www.ingramcontent.com/pod-product-compliance
Ingram Content Group UK Ltd.
Pitfield, Milton Keynes, MK11 3LW, UK
UKHW021815190726
13853UKWH00003B/1006

* 9 7 8 3 5 3 1 0 7 3 6 9 9 *